大型活动食品安全风险防控丛书

国家重点研发计划项目“重大活动食品安全风险防控警务模式及关键技术研究”（2018YFC1602700）结项成果

大型活动食品安全风险评估与分级研究

刘　明　李凤琴　主编

中国人民公安大学出版社

·北　京·

图书在版编目（CIP）数据

大型活动食品安全风险评估与分级研究 / 刘明，李凤琴主编．—北京：中国人民公安大学出版社，2023. 11

（大型活动食品安全风险防控丛书 / 李春雷主编）

ISBN 978-7-5653-4761-0

Ⅰ. ①大…　Ⅱ. ①刘…②李…　Ⅲ. ①食品安全—风险评价—研究　Ⅳ. ①TS201. 6

中国国家版本馆 CIP 数据核字（2023）第 231412 号

大型活动食品安全风险评估与分级研究

刘　明　李凤琴　主编

出版发行：中国人民公安大学出版社
地　　址：北京市西城区木樨地南里
邮政编码：100038
经　　销：新华书店
印　　刷：天津盛辉印刷有限公司

版　　次：2023 年 11 月第 1 版
印　　次：2023 年 11 月第 1 次
印　　张：16
开　　本：787 毫米×1092 毫米　1/16
字　　数：260 千字

书　　号：ISBN 978-7-5653-4761-0
定　　价：80. 00 元

网　　址：www. cppsup. com. cn　www. porclub. com. cn
电子邮箱：zbs@ cppsup. com　zbs@ cppsu. edu. cn

营销中心电话：010-83903991
读者服务部电话（门市）：010-83903257
警官读者俱乐部电话（网购、邮购）：010-83901775
教材分社电话：010-83903084

大型活动食品安全风险防控丛书
编委会

大型活动食品安全风险评估与分级研究

主　　编：刘　明　李凤琴

副 主 编：徐文静　张　静　彭雪菲

执行主编：徐　进　陈楠楠　曹梦思

参编人员：（以姓氏笔画为序）

王徐萍　仇　凯　东思源　叶　金　刘　捷

李　娇　李　辉　李　斌　李　楠　李志军

李丽华　吴　刚　吴　宇　汪海静　张伟珂

张志远　张媛媛　张蕊娜　陈成鑫　陈红贺

郑　淼　孟　浩　孟　镇　孟明明　赵小萌

高红波　唐　琳　鲁晶晶　滕堃如　魏　麟

总　序

党的十八大以来，我国积极参与全球治理，相继在各地举办各类大型活动，逐渐成为国际政治、经济、文化交流的重要舞台。这类大型活动，人员规模大、政治规格高，举办期间餐饮服务供应人数众多、对象特殊、用餐集中，极易发生食品安全事件。如何科学地开展食品安全风险评估和针对性防控，受到历次大型活动承办方和食品安全保障部门的高度关注。但总体上，正如2019年5月公开发布的《中共中央 国务院关于深化改革加强食品安全工作的意见》指出的那样，“我国食品安全工作仍面临不少困难和挑战，形势依然复杂严峻”，诸如“微生物和重金属污染、农药兽药残留超标、添加剂使用不规范、制假售假等问题时有发生”等。而且，“新业态、新资源潜在风险增多”。与此同时，现代技术、文化冲突、社会割裂裹挟而来的公共风险，亦极大地增加了此类活动中食品安全风险防控和警务保障压力。“一地一事一策”“人海式被动应对”的现有警务模式，难以有效解决毒害危险物难防范、难预警、难处置等问题。为此，大型活动食品安全风险防控工作对技术与警务深度融合的新型执法模式需求迫切。

在此背景下，“十三五”国家重点研发计划“食品安全关键技术研发”重点专项2018年度项目申报指南中，第一次列出针对此类活动食品安全风险防控的重点研究项目——“重大活动食品安全风险防控警务模式及关键技术研究”，并面向全国公开招标。对此，我们高度重视并积极跟进，经过多轮研讨、磋商，最终组成了由中国人民公安大学牵头，中国检验检疫科学研究院、国家食品安全风险评估中心、北方工业大学、公安部物证鉴定中心、北京工业大学、国家粮食和物资储备局科学研究院、北京市疾病预防控制中心、中国仪器仪表学会、北京维德维康生物技术有限公司、江苏华安博远检测技术有限公司等大学、科研院所及科技公司参与的学科专业交叉、产学研用一体的项目申报组，我则以主持人身份具体负责组织论证、研究任务分工以及撰写申请书、带队答辩等工作。经过紧张准备、反复研讨、不断修改完善申报书，最终顺利通过管理部门的审核与专家组的问询、答辩。2018年12月，为期三年的项目研究合同书正式签定。之后，来自全国十一家科研单位的近百名研发人员，历经三年多的实地调研、扎实研究、成果应用示范，终于依约、保质、保量地圆满完成各项研发任务。2022年8月，项目组顺利通过科技部组织的综合绩效评价。本套十卷本丛书，亦即该项目研究成果的集中梳理与展现。

该项目的主要任务和研究目标，就是针对大型活动食品安全风险防控需求，研究毒害危险物现场快检与精准检测、毒害危险物全链条防范、警务情报信息综合研判、现场救援与应急处置等关键技术，达到“风险防范全面准确、危机预警确切及时、情报研判动态智能、应急处置协调高效”的技术要求，建立科学化、规范化、信息化的警务执法模式，实现对毒害物全链条防范、实时精准检测和食品案（事）件的智能研判与高效处置，显著提升大型活动食品安全风险防控能力与效益。由此，本套丛书的内容主要涵括：其一，以大型活动食品安全风险防控体系及其相应的危机处置警务模式为主要研究内容，以保障大型活动食品安全为目标，紧密结合食品安全风险危害和应急处置的实践需要，以低成本、可复制、可推广的风险防控体系与危机处置警务模式为出发点，进行了大型活动食品安全风险防控基础理论与警务执法模式研究；其二，以乳与乳制品、肉及肉制品、蔬菜等大型活动常见的食品基质为研究对象，进行了食品中毒害危险物现场快检与精准检测关键技术研究；其三，以大型活动中五类食品（粮食及其制品、肉及肉制品、乳与乳制品、果蔬、水产品）中的重金属、农兽药、致病微生物、真菌毒素及非法添加毒害物为研究对象，对大型活动食品毒害危险物全链条防范技术进行了研究；其四，为了对大型活动食品安全风险的预测预警提供强力支撑，研究了基于人工智能与复杂系统定性定量综合集成的情报信息综合研判技术；其五，着眼于食品安全保障中不法行为的刑法评价，从规范与经验两个视角对大型活动中食品安全问题的应急处置、事后处罚进行探讨，梳理提炼既往的司法处置经验并提出相关犯罪的认定标准；其六，针对大型活动中食品安全警务执法模式的应用示范，分别从应用示范点的筛选、应用示范流程、典型示例等多方面开展论述与分析。①

总体上，本套丛书涉及大型活动食品安全风险防控的体系与模式、技术与

① 在上述工作基础上，项目组还研发了大型活动食品安全现场救援、应急处置的集成化警务关键技术、应急标准及警务系统。但因相关内容较为敏感，故未收录到本套丛书中。

标准、模型与装备、数据库与平台以及综合成果的应用示范。一定意义上，相关成果填补了该领域高危毒害物国家检测标准空白，强化了食品安全防控效果；构建了低成本、可推广、高效率的食品安全防控警务机制，优化、节约了执法资源。希望本套丛书的出版，在促进大型活动食品安全风险防控的同时，也能更大程度上推动相关成果的外溢和转化，助力提升食品安全日常行政监管与刑事治理工作，全链条推进我国从农田到餐桌的食品安全！

大型活动的食品安全风险防控工作，涉及多学科、多专业、多部门，加之相关工作的高度敏感性，项目组对相关问题的认识未必十分精准，所提出的对策建议及相关研发成果，也未必全都能切合实际。为此，亦请业内理论与实务部门的各位领导和专家，对丛书的相关内容多加批评指正，我们将在后续再版工作中，及时修改完善。

中国人民公安大学犯罪学学院　教授
食品药品与环境犯罪研究中心　主任
2023 年 6 月于北京木樨地

前 言

近年来，我国综合国力逐步提升，参与全球治理和构建国家治理体系的步伐加快，举办的全国性和国际性的大型活动数量和类别不断增多，级别不断提高。在给举办地带来各种商机和社会效应的同时，也带来多种公共卫生风险。由于大型活动餐饮服务供应人数众多、对象特殊、用餐集中，一旦发生食品安全事件，不但严重危害参会人员的身体健康，也往往成为国内外舆论关注的热点。大型活动食品安全风险较一般供餐活动更大，给食品安全保障工作带来了巨大的工作压力。如何科学地开展风险评估和进行有针对性的防控，已受到活动承办方政府和食品安全保障部门的高度关注。

传统食品安全风险评估遵循危害识别、危害特征描述、暴露评估和风险特征描述的结构化程序开展，评估注重慢性毒性和长期膳食暴露；而大型活动食品安全风险评估与传统食品安全风险评估不同，更关注风险因子发生的可能性和风险结局的严重性。为了对大型活动食品安全风险进行评估，根据食品安全风险评估理论，基于食品安全监测数据和科学规律，筛选高风险食品和指标，开展针对性的预防，我们组织国家政府机关研究人员、研究机构相关专家共同撰写了此书。

本书分为七章，详细解读了大型活动中食品安全风险来源，并对其与传统食品安全风险评估的特点进行了比较分析。在考虑大型活动的特点以及近年来的相关研究的基础上，本书提出了一种以风险发生可能性和结局严重性为标准的风险评估方式，旨在为大型活动中食品供应的安全监测和防控提供科学指导。

基于此评估方式，本书对2015—2019年，国家和地方26类食品、近60项指标、230万条抽检数据进行风险评估和分级。同时，本书还参考了澳新标准风险分析矩阵法，整理了我国2002—2017年发生的食源性疾病数据，对风险因子发生的可能性及风险结局的严重性进行了统计分析。

本书的风险评估方式不仅注重定量评估，也注重定性分析，旨在为构建一个既科学又高效的预防控制体系提供理论支持，并推动我国食品安全风险评估和防控体系的发展。

本书在编写过程中，由于编者水平有限且时间紧迫，难免出现一些疏漏和不足之处。我们诚挚地邀请专家和广大读者对这些问题进行指正，并希望能够在今后的版本中不断改进。

编　者

2023 年 9 月

目 录

第一章 大型活动中食品安全风险评估特点

一、食品安全风险来源与评估特点

近年来，我国举办的全国性和国际性大型活动数量和类别不断增多，级别也不断提高。[①] 这些大型活动在给举办地带来各种商机和社会效应的同时，也可能带来多种公共卫生风险。

根据调研，大型活动中食品安全风险主要来自供应食品的质量安全、加工过程的食源性疾病以及各环节的人为投毒三个方面。其中，为了确保作为源头和基础的供应食品的质量安全，举办方和检测机构往往需投入大量的人力、物力进行全面检验。因此，开展大型活动供应食品安全的风险评估，对制定大型活动供应食品的分级抽检指导原则显得尤为重要。

传统的食品安全风险评估遵循危害识别、危害特征描述、暴露评估和风险特征描述的结构化程序，评估注重慢性毒性和长期膳食暴露。而大型活动食品安全风险评估与传统风险评估不同，膳食摄入量对发生风险影响权重较小，更关注风险因子发生的可能性和风险结局的严重性。2008 年北京奥运会首次将风险管理理念引入大型活动的公共卫生安全保障和北京市城市公共管理领域，庞星火等[②]应用风险矩阵法初步建立了北京市公共卫生风险管理理论框架、技术路线，为奥运会乃至其他大型公共活动的公共卫生管理引入了新思路。赵宇翔

---

① 李丽华、鲁晶晶：《重大活动食品安全风险防控理论与体系研究》，载《公安学研究》2021 年第 4 卷第 1 期，第 45~66、123~124 页。

② 庞星火、刘秀颖、高婷等：《2008 年北京奥运会重大公共卫生事件风险评价方法的研究》，载《首都公共卫生》2009 年第 3 卷第 2 期，第 52~58 页。

等[①]通过回顾性研究和专家访谈评分，采用矩阵法对 2010 年上海世博会食品安全进行了风险评估和分级。谈立峰等[②]以 2010 年江苏省第 17 届运动会为研究对象，应用风险矩阵法评价了餐饮食品安全事件、公共场所健康危害事件、生活饮用水安全事件、传染病疫情事件和病媒生物引起的公共卫生突发事件的风险水平。

虽然大型活动中食品安全案例较少且难以获取，但由于活动中使用的食品同样来自企业生产和市场采购[③]，因而市场流通食品长期抽检数据对大型活动中食品安全风险的评估具有重要参考价值。因此，本研究将根据市场抽检分析数据（见表 1-1），结合大型活动中供应的主要食品，筛选危害能力强、发生速率快、发生频率高的风险因子，以指导大型活动中供应食品质量安全的科学监测与防控。

危害识别描述主要整理现有食品安全标准指标要求，根据大型活动中常用食品种类和用量，结合各季节和各地区易发问题，综合市场抽检和监控分析数据，评估危害发生概率。调研显示，大型活动中食品安全风险来源于传统食品安全、酒店餐饮厨房卫生污染以及人为投毒、掺假和误食三个方面（见表 1-2）。其中，前两个方面可以根据食品安全风险评估理论，基于食品安全监测数据和科学规律，筛选出高风险食品和指标，开展针对性预防。

① 赵宇翔、郑雷军、田明胜等：《2010 年上海世博会食品安全风险识别与评估》，载《上海食品药品监管情报研究》2011 年第 1 期，第 46~49 页。

② 谈立峰、郝东平、孙樨陵等：《综合应用风险矩阵法与 Borda 序值法评价区域性大型活动公共卫生突发事件风险》，载《环境与职业医学》2012 年第 29 卷第 9 期，第 556~560 页。

③ 边红彪、王菁、杨洋：《食品安全监管源头控制的主要措施及操作规范可行性分析》，载《食品安全质量检测学报》2021 年第 12 卷第 5 期，第 2018~2025 页。

表 1-1 风险评估特点比较

	传统评估：关注慢性毒性和长期膳食暴露风险	大型活动评估：关注急性、高毒、频发食品安全风险		
		传统食品安全风险因素	酒店餐饮厨房卫生污染	人为投毒、掺假和误食
危害识别	根据流行病学、动物试验、体外试验、结构—活性关系等科学数据，确定人体暴露于某种危害后是否会对健康造成不良影响、造成不良影响的可能性，以及可能处于风险之中的人群和范围	梳理食品安全标准中通用要求、食品类别及特殊指标		
危害特征描述	对与危害相关的不良健康作用进行定性或定量描述。可以利用动物试验、临床研究以及流行病学研究确定危害与各种不良健康作用之间的剂量—反应关系、作用机制等。如果可能，对于毒性作用有阈值的危害应建立人体安全摄入量水平	评价危害特征（安全指标），包括毒性强弱和发病速度快慢		
暴露评估	描述危害进入人体的途径，估算不同人群摄入危害的水平。根据危害在膳食中的水平和人群膳食消费量，初步估算危害的膳食总摄入量，同时考虑其他非膳食进入人体的途径，估算人体总摄入量并与安全摄入量进行比较	统计分析市场抽检数据评价发生概率高低，筛选高发食品类别和风险指标		
风险特征描述	在危害识别、危害特征描述和暴露评估的基础上，综合分析危害对人群健康产生不良作用的风险及其程度，同时应当描述和解释风险评估过程中的不确定性	根据风险评估理论，结合上述数据库进行风险评估。建立各食品类别和安全指标的风险等级评价标准，整理食品安全事件发生特点和检验方法		

表 1-2 食品安全风险来源分析

	物质因素（风险评估）	人为因素（风险防控）	防控重点
传统食品安全风险因素	高	低	食品检验、采购管理、人员管理
酒店餐饮厨房卫生污染	中	中	食材检验、环境卫生、操作培训、人员管理
人为投毒、掺假和误食	低	高	毒物管控、过程监控、人员管理

通用食品安全国家标准根据产品类别规定了真菌毒素、污染物、致病菌限量，农药、兽药残留，食品添加剂、营养强化剂和接触材料等食品安全标准指标要求（见表 1-3）。

真菌毒素主要发生在粮食等霉菌易繁殖的产品中，但如果霉变较严重从感官方面极容易发现。因此一般不是霉变超标严重的情况，其毒性虽强，但发病较慢。《食品安全国家标准　食品中真菌毒素限量》（GB 2761-2017）规定了黄曲霉毒素 B_1、黄曲霉毒素 M_1、脱氧雪腐镰刀菌烯醇、展青霉素、赭曲霉毒素 A 和玉米赤霉烯酮等真菌毒素限量要求。

一般污染物具有毒性强、发病慢等特点，《食品安全国家标准　食品污染物限量》（GB 2762-2017）规定了铅、镉、汞、砷、锡、镍、铬、亚硝酸盐、硝酸盐、苯并［a］芘、N-二甲基亚硝胺、多氯联苯和 3-氯-1，2-丙二醇等污染物限量要求。需要注意的是，亚硝酸盐等在高浓度误添加的情况下可造成急性中毒事件。

致病菌具有毒性强、发病快等特点，《食品安全国家标准　食品中致病菌限量》（GB 29921-2013）规定了沙门氏菌、单核细胞增生李斯特氏菌、大肠埃希氏菌 O157：H7、金黄色葡萄球菌和副溶血性弧菌致病菌限量。

农药残留具有危害能力强、发生速率快等特点，《食品安全国家标准　食品中农药最大残留限量》（GB 2763-2019）规定了 483 种农药在 356 种（类）食品中 7107 项残留限量要求，并且规定了各农残测定方法参考标准。该标准全部覆盖我国批准使用的农药品种，解决了历史遗留的“有农药登记、无限量标准”问题。同时，突出高风险的禁限用农药，规定了 27 种禁用农药 585 项限量、16 种限用农药 311 项限量。近年来，特色小宗作物限量标准显著增加。

其中，新增了人参、杨梅和冬枣等 119 种特色小宗作物的 804 项限量。此外，动物源性食品残留限量有了突破性增长，规定了 109 种农药在肉、蛋、奶等 27 种居民日常消费的动物源性食品中的 703 项最大残留限量。进口食品农产品中农药品种数量也得到显著增长，针对进口农产品中可能含有我国尚未登记农药的情况，通过评估转化了国际食品法典标准，制定了 77 种尚未在我国批准使用的农药 1109 项残留限量。

兽药具有相对毒性弱、发病慢等特点，《食品安全国家标准　食品中兽药最大残留限量》（GB 31650-2019）规定了动物性食品中阿苯达唑等 104 种（类）兽药的最大残留限量。该标准还规定了醋酸等 154 种允许用于食品动物，但不需要制定残留限量的兽药。同时，也规定了氯丙嗪等 9 种允许用于治疗，但不得在动物性食品中检出的兽药。

食品添加剂具有相对毒性弱、发病慢等特点，《食品安全国家标准　食品添加剂使用标准》（GB 2760-2014）规定了 2325 种食品添加剂、1870 种香料、455 种加工助剂在 23 个食品类别中的使用要求。其中，主要规范了防腐剂和着色剂等具有一定毒性的添加剂类别。

表 1-3　通用食品安全国家标准要求

序号	类别	标准号	标准名称	通用安全指标
1	真菌毒素限量	GB 2761-2017	食品安全国家标准 食品中真菌毒素限量	黄曲霉毒素 B_1、黄曲霉毒素 M_1、脱氧雪腐镰刀菌烯醇、展青霉素、赭曲霉毒素 A 及玉米赤霉烯酮
2	污染物限量	GB 2762-2017	食品安全国家标准 食品污染物限量	铅、镉、汞、砷、锡、镍、铬、亚硝酸盐、硝酸盐、苯并［a］芘、N-二甲基亚硝胺、多氯联苯、3-氯-1，2-丙二醇
3	致病菌限量	GB 29921-2013	食品安全国家标准 食品中致病菌限量	沙门氏菌、单核细胞增生李斯特氏菌、大肠埃希氏菌 O157：H7、金黄色葡萄球菌、副溶血性弧菌
4	农药残留	GB 2763-2019	食品安全国家标准 食品中农药最大残留限量	483 种农药在 356 种（类）食品中 7107 项残留限量要求

续表

序号	类别	标准号	标准名称	通用安全指标
5	兽药残留	GB 31650-2019	食品安全国家标准 食品中兽药最大残留限量	阿苯达唑等104种（类）兽药的最大残留限量；醋酸等154种允许用于食品动物，但不需要制定残留限量的兽药；氯丙嗪等9种允许用于治疗，但不得检出的兽药
		农业农村部公告第176号	禁止在饲料和动物饮用水中使用的药物品种目录	盐酸克仑特罗、沙丁胺醇、硫酸沙丁胺醇、莱克多巴胺、盐酸多巴胺、西马特罗、硫酸特布他林；己烯雌酚、雌二醇、戊酸雌二醇、苯甲酸雌二醇、氯烯雌醚、炔诺醇、炔诺醚、醋酸氯地孕酮、左炔诺孕酮、炔诺酮、绒毛膜促性腺激素（绒促性素）、促卵泡生长激素；碘化酪蛋白、苯丙酸诺龙及苯丙酸诺龙注射液；（盐酸）氯丙嗪、盐酸异丙嗪、安定（地西泮）、苯巴比妥、苯巴比妥钠、巴比妥、异戊巴比妥、异戊巴比妥钠、利血平、艾司唑仑、甲丙氨脂、咪达唑仑、硝西泮、奥沙西泮、匹莫林、三唑仑、唑吡旦、其他国家管制的精神药品；抗生素滤渣
		农业农村部公告第1519号	禁止在饲料和动物饮用水中使用的物质	苯乙醇胺A、盐酸齐帕特罗、马布特罗、西布特罗、溴布特罗、酒石酸阿福特罗、富马酸福莫特罗、盐酸可乐定、盐酸赛庚啶

续表

序号	类别	标准号	标准名称	通用安全指标
5	兽药残留	农业农村部公告第 250 号	食品动物中禁止使用的药品及其他化合物清单（2020 年修订版）	酒石酸锑钾，β-兴奋剂类及其盐、酯，汞制剂：氯化亚汞（甘汞）、醋酸汞、硝酸亚汞、吡啶基醋酸汞，毒杀芬（氯化烯），卡巴氧及其盐、酯，呋喃丹（克百威），氯霉素及其盐、酯，杀虫脒（克死螨），氨苯砜，呋喃西林，呋喃妥因，呋喃它酮，呋喃唑酮，呋喃苯烯酸钠，林丹，孔雀石绿，类固醇激素：醋酸美仑孕酮、甲基睾丸酮、群勃龙、玉米赤霉醇，安眠酮，硝呋烯腙，五氯酚酸钠，硝基咪唑类：洛硝达唑、替硝唑，硝基酚钠，己二烯雌酚，己烯雌酚，己烷雌酚及其盐、酯，锥虫砷胺，万古霉素及其盐、酯
6	食品添加剂使用	GB 2760-2014	食品安全国家标准 食品添加剂使用标准	2325 种食品添加剂、1870 种香料、455 种加工助剂在 23 个食品类别中有使用要求
7	食品接触材料及制品用添加剂使用	GB 9685-2016	食品安全国家标准 食品接触材料及制品用添加剂使用标准	食品接触材料安全要求

除了通用食品安全国家标准，整理的 26 类具体食品及食用农产品标准还设置了其他特殊食品安全指标要求（见表 1-4）。如《食品安全国家标准　粮食》（GB 2715-2016）控制小麦、大麦等粮食中麦角（麦角菌菌核）、毒麦（产生毒麦碱）、曼陀罗属及其他有毒植物的种子含量，限制木薯粉中总氢氰酸含量和高粱中单宁含量。食用油类主要控制酸价和过氧化值等。调味品、肉制品、乳制品、糖果、淀粉制品、糕点和蜂产品等除了通用致病菌要求，还增加菌落总数、大肠菌群、霉菌和酵母等微生物指示菌作为指标。饮料还控制氰化物、脲酶试验（植物蛋白饮料），包装饮用水和饮用天然矿泉水还有余氯、四氯化碳等处理残留指标，总 α 放射性、总 β 放射性指标，硒、锑、砷等重金属

限量，以及粪链球菌、铜绿假单胞菌、产气荚膜梭菌等特殊微生物指标。肉制品中挥发性盐基氮、三甲胺氮；银耳及其制品中米酵菌酸；酒类中甲醇、氰化物、甲醛；水产品中组胺、麻痹性贝类毒素、腹泻性贝类毒素，吸虫囊蚴、线虫幼虫、绦虫裂头蚴（即食生制）等寄生虫；植物蛋白饮料和豆制品中脲酶，都是需要关注的特异性安全风险指标。

表 1-4　食用农产品及预包装食品的产品安全标准

序号	食品大类	标准号	食品安全国家标准	特殊安全指标
1	粮食加工品	GB 2715-2016	食品安全国家标准 粮食	麦角、毒麦、曼陀罗属及其他有毒植物的种子、总氢氰酸（木薯粉）、单宁（高粱）
		GB 2711-2014	食品安全国家标准 面筋制品	大肠菌群
2	食用油、油脂及其制品	GB 2716-2018	食品安全国家标准 植物油	酸价、过氧化值、极性组分、溶剂残留、游离棉酚
		GB 10146-2015	食品安全国家标准 食用动物油脂	酸价、过氧化值、丙二醛
		GB 19641-2015	食品安全国家标准 食用植物油	
		GB 15196-2015	食品安全国家标准 食用油脂制品	酸价、过氧化值、大肠菌群、霉菌
3	调味品	GB 2717-2018	食品安全国家标准 酱油	氨基酸态氮、菌落总数、大肠菌群
		GB 2719-2018	食品安全国家标准 食醋	菌落总数、大肠菌群
		GB 2718-2014	食品安全国家标准 酿造酱	菌落总数、大肠菌群
		GB 2721-2015	食品安全国家标准 食用盐	碘、钡
		GB 10133-2014	食品安全国家标准 水产调味品	菌落总数、大肠菌群
		GB 31644-2018	食品安全国家标准 复合调味料	/

续表

序号	食品大类	标准号	食品安全国家标准	特殊安全指标
3	调味品	GB 2720-2015	食品安全国家标准味精	/
		GB 26878-2011	食品安全国家标准食用盐碘含量	/
4	肉及肉制品	GB 2707-2016	食品安全国家标准鲜（冻）畜、禽产品	挥发性盐基氮
		GB 2726-2016	食品安全国家标准熟肉制品	菌落总数、大肠菌群
		GB 2730-2015	食品安全国家标准腌腊肉制品	过氧化值、三甲胺氮
5	乳制品	GB 5420-2010	食品安全国家标准干酪	大肠菌群、酵母、霉菌、金黄色葡萄球菌、沙门氏菌、单细胞增生李斯特氏菌
		GB 11674-2010	食品安全国家标准乳清粉和乳清蛋白粉	金黄色葡萄球菌、沙门氏菌
		GB 13102-2010	食品安全国家标准炼乳	菌落总数、大肠菌群、金黄色葡萄球菌、沙门氏菌
		GB 19301-2010	食品安全国家标准生乳	菌落总数
		GB 19302-2010	食品安全国家标准发酵乳	大肠菌群、酵母、霉菌、金黄色葡萄球菌、沙门氏菌
		GB 19644-2010	食品安全国家标准乳粉	菌落总数、大肠菌群、金黄色葡萄球菌、沙门氏菌
		GB 19645-2010	食品安全国家标准巴氏杀菌乳	菌落总数、大肠菌群、金黄色葡萄球菌、沙门氏菌
		GB 19646-2010	食品安全国家标准稀奶油、奶油和无水奶油	酸度、菌落总数、大肠菌群、金黄色葡萄球菌、沙门氏菌、霉菌
		GB 25190-2010	食品安全国家标准灭菌乳	酸度（商业无菌）

续表

序号	食品大类	标准号	食品安全国家标准	特殊安全指标
5	乳制品	GB 25191-2010	食品安全国家标准 调制乳	菌落总数、大肠菌群、金黄色葡萄球菌、沙门氏菌
		GB 25192-2010	食品安全国家标准 再制干酪	菌落总数、大肠菌群、金黄色葡萄球菌、沙门氏菌、单细胞增生李斯特氏菌、霉菌、酵母
6	饮料	GB 7101-2015	食品安全国家标准 饮料	氰化物、脲酶试验（植物蛋白饮料）、菌落总数、大肠菌群、霉菌、酵母
		GB 19298-2014	食品安全国家标准 包装饮用水	余氯、四氯化碳、三氯甲烷、耗氧量、硝酸盐、溴酸盐、挥发性酚、氰化物、阴离子合成洗涤剂、总 α 放射性、总 β 放射性、大肠菌群、铜绿假单胞菌
		GB 8537-2018	食品安全国家标准 饮用天然矿泉水	硒、锑、砷、铜、钡、镉、铬、铅、汞、锰、镍、银、溴酸盐、硼酸盐、氟化物、耗氧量、挥发酚、氰化物、矿物油、阴离子合成洗涤剂、^{226}Ra 放射性、总 β 放射性、大肠菌群、粪链球菌、铜绿假单胞菌、产气荚膜梭菌
		GB 17325-2015	食品安全国家标准 食品工业用浓缩液（汁、浆）	大肠菌群、霉菌、酵母
7	方便食品	GB 17400-2015	食品安全国家标准 方便面	酸价（油炸面饼）、过氧化值（油炸面饼）、菌落总数、大肠菌群
		GB 19640-2016	食品安全国家标准 冲调谷物制品	菌落总数、大肠菌群、霉菌
8	罐头	GB 7098-2015	食品安全国家标准 罐头食品	组胺（水产罐头）、米酵菌酸（银耳罐头）、霉菌（番茄罐头）

续表

序号	食品大类	标准号	食品安全国家标准	特殊安全指标
9	冷冻饮品	GB 2759-2015	食品安全国家标准 冷冻饮品和制作料	菌落总数、大肠菌群
10	速冻食品	GB 19295-2011	食品安全国家标准 速冻面米制品	过氧化值（动物性食品或坚果类原料）、金黄色葡萄球菌、沙门氏菌、菌落总数、大肠菌群
11	薯类和膨化食品	GB 17401-2014	食品安全国家标准 膨化食品	/
12	糖果和巧克力制品	GB 17399-2016	食品安全国家标准 糖果	菌落总数、大肠菌群
		GB 9678.2-2014	食品安全国家标准 巧克力、代可可脂巧克力及其制品	/
		GB 19299-2015	食品安全国家标准 果冻	菌落总数、大肠菌群、霉菌、酵母
13	茶叶及相关制品	/	/	/
14	酒类	GB 2757-2012	食品安全国家标准 蒸馏酒及其配制酒	甲醇、氰化物
		GB 2758-2012	食品安全国家标准 发酵酒及其配制酒	甲醛、沙门氏菌、金黄色葡萄球菌
		GB 31640-2016	食品安全国家标准 食用酒精	乙醛、甲醇、氰化物
15	蔬菜制品	GB 2714-2015	食品安全国家标准 酱腌菜	大肠菌群
		GB 7096-2014	食品安全国家标准 食用菌及其制品	米酵菌酸（银耳及其制品）
16	水果制品	GB 14884-2016	食品安全国家标准 蜜饯	菌落总数、大肠菌群、霉菌
17	炒货及坚果制品	GB 19300-2014	食品安全国家标准 坚果与籽类食品	霉变粒、过氧化值、酸价、大肠菌群、霉菌

续表

序号	食品大类	标准号	食品安全国家标准	特殊安全指标
18	蛋与蛋制品	GB 2749-2015	食品安全国家标准 蛋与蛋制品	菌落总数、大肠菌群
19	食糖	GB 13104-2014	食品安全国家标准 食糖	不溶于水杂质
20	水产制品	GB 19643-2016	食品安全国家标准 藻类及其制品	菌落总数、大肠菌群、霉菌（即食）
		GB 2733-2015	食品安全国家标准 鲜、冻动物性水产品	挥发性盐基氮、组胺、麻痹性贝类毒素、腹泻性贝类毒素
		GB 10136-2015	食品安全国家标准 动物性水产制品	过氧化值、组胺、挥发性盐基氮、菌落总数、大肠菌群、吸虫囊蚴、线虫幼虫、绦虫裂头蚴（即食生制）
		GB 31602-2015	食品安全国家标准 干海参	/
21	淀粉及淀粉制品	GB 31637-2016	食品安全国家标准 食用淀粉	菌落总数、大肠菌群、霉菌和酵母
		GB 2713-2015	食品安全国家标准 淀粉制品	菌落总数、大肠菌群、
		GB 15203-2014	食品安全国家标准 淀粉糖	/
22	糕点（饼干）	GB 7099-2015	食品安全国家标准 糕点、面包	酸价、过氧化值、菌落总数、大肠菌群、霉菌
		GB 7100-2015	食品安全国家标准 饼干	酸价、过氧化值、菌落总数、大肠菌群、霉菌
23	豆制品	GB 2712-2014	食品安全国家标准 豆制品	脲酶试验、大肠菌群
24	蜂产品	GB 14963-2011	食品安全国家标准 蜂蜜	菌落总数、大肠菌群、霉菌、嗜渗酵母、沙门氏菌、志贺氏菌、金黄色葡萄球菌
		GB 31636-2016	食品安全国家标准 花粉	菌落总数、大肠菌群、霉菌

续表

序号	食品大类	标准号	食品安全国家标准	特殊安全指标
25	特殊膳食	GB 24154-2015	食品安全国家标准 运动营养食品通则	铅、砷、黄曲霉毒素 M_1、黄曲霉毒素 B_1、沙门氏菌、金黄色葡萄球菌
		GB 10769-2010	食品安全国家标准 婴幼儿谷类辅助食品	铅、无机砷、硝酸盐、亚硝酸盐、黄曲霉毒素 B_1、菌落总数、大肠菌群、沙门氏菌
26	保健食品	GB 16740-2014	食品安全国家标准 保健食品	铅、砷、汞、菌落总数、大肠菌群、霉菌和酵母、金黄色葡萄球菌、沙门氏菌

二、大型活动中食品安全风险评估方法

（一）数据来源

研究数据来自国家市场监督管理总局（原国家食品药品监督管理总局）和各省、自治区、直辖市市场监管部门（原食药监部门）公布的 2015 年 1 月—2019 年 12 月每期监督抽检公告，主要包括大型活动中采购的粮食及其制品、食用油脂及其制品、肉及肉制品、乳及乳制品、蔬菜及其制品和水产及其制品等 26 类主要食品不合格数据。

（二）风险发生可能性

分别按照食品种类和不合格指标统计抽检不合格率，按照不合格率分布区间评价食品类别和指标的风险等级，具体风险等级及分级标准见表 1-5。

表 1-5　食品类别和指标项目发生风险的分级标准

	不合格率占比（%）	风险等级	表示方式	赋值
指标项目	X≥10	极高	●●●●●	5
	3≤X<10	高度	●●●●	4
	1≤X<3	中度	●●●	3
	0.1≤X<1	低度	●●	2
	<0.1	极低	●	1
食品类别	X≥10	极高	★★★★★	5
	3≤X<10	高度	★★★★	4
	1≤X<3	中度	★★★	3
	0.1≤X<1	低度	★★	2
	<0.1	极低	★	1

（三）风险结局严重性

分别从危害特征的致病性和潜伏期两个维度对大型活动中供应食品的风险结局严重性进行分级评价，并根据不同等级进行赋值，具体见表 1-6。

表 1-6　风险因子致病性和潜伏期的分级标准

维度	风险因子特征描述	危害等级	表示方式	赋值
致病性	严重至死亡	极高	▲▲▲▲▲	5
	多器官损伤，需住院	高度	▲▲▲▲	4
	急性腹泻，个别住院	中度	▲▲▲	3
	腹泻呕吐，无须住院	低度	▲▲	2
	身体不适	极低	▲	1
潜伏期	几个小时以内	极短	◆◆◆◆◆	5
	一天以内	较短	◆◆◆◆	4
	数天	中度	◆◆◆	3
	数月	较长	◆◆	2
	数年	极长	◆	1

（四）风险评估的方法

参考庞星火《2008年北京奥运会重大公共卫生事件风险评价方法的研究》中提出的食品安全风险严重性分级，采用澳大利亚·新西兰标准风险分析矩阵法（AS/NZS 4360：2004）对食品安全进行风险分析。[①] 在风险分析矩阵中，以指标项目和食品类别风险等级赋值的平均值为判断依据，风险发生的可能性分为5级（从高到低依次为a、b、c、d、e）；以风险因子致病性和潜伏期赋值的平均值为判断依据，风险结局的严重性分为5级（从高到低依次为水平5、水平4、水平3、水平2、水平1）（见表1-7）。通过发生可能性和严重性确定风险水平，风险水平分为极严重风险（E级）、高危险度风险（H级）、中等危险度风险（M级）和低危险度风险（L级）（见表1-8）。

表1-7 风险发生可能性和结局严重性的评价标准

评价项目	赋值的平均值	描述词	水平
风险发生可能性（基于食品类别和安全指标）	>4	几乎肯定发生	a
	>3	很可能发生	b
	>2	可能发生	c
	>1	不太可能发生	d
	≤1	几乎不可能发生	e
风险结局严重性（基于致病性和潜伏期）	>4	灾难性的	水平5
	>3	较大的	水平4
	>2	中等的	水平3
	>1	较小的	水平2
	≤1	可忽略	水平1

① Standards Australia Catalogue of Publication：Australia/New Zealand Standard，OB-007 Risk Management. AS/NZS 4360：2004.

表 1-8 食品安全风险评估指数表

可能性分类	严重性分类				
	水平 1（可忽略的）	水平 2（较小的）	水平 3（中等的）	水平 4（较大的）	水平 5（灾难性的）
a（几乎确定）	H	H	E	E	E
b（很可能）	M	H	H	E	E
c（可能）	L	M	H	E	E
d（不太可能）	L	L	M	H	E
e（罕见）	L	L	M	H	H

注：风险评价水平：E——极严重风险；H——高危险度风险；M——中等危险度风险；L——低危险度风险。

第二章 农产种植类食品安全风险评估及分级

一、粮食及其制品的食品安全风险评估及分级

（一）风险发生可能性分析

风险发生可能性通过各类产品和指标项目的不合格频率综合评价分级。2015—2019年，全国粮食及其制品抽检数据有212762批次，整体不合格1535批次，与其他各类食品相比不合格率较低（不合格率为0.72%），风险等级为低度（★★）。

主要不合格指标为真菌毒素、食品添加剂和微生物，详见表2-1。其中，真菌毒素中脱氧雪腐镰刀菌烯醇指标风险极高（●●●●●）。一项对中国4个小麦主产省2019年生产的小麦进行12种真菌毒素的检测研究也证实了脱氧雪腐镰刀菌烯醇是小麦样品中污染的主要真菌毒素,[①] 综合风险发生可能性均为b级。铝残留量超标一直是市场监管总局抽检粮食制品不合格的常见问题,[②] 铝残留量指标风险极高（●●●●●）。其次为脱氢乙酸及其钠盐、山梨酸及其钾盐和甜蜜素，处于高度风险（●●●●），综合风险发生可能性分别为b级和c级。微生物指标中菌落总数和大肠菌群作为产品污染指示菌，能够指示产品加工运输过程中的卫生状况[③]，统计结果显示不合格风险为高度风险（●●●●），

---

① 赵柬云、韩小敏、徐文静等：《2019年中国四省小麦中12种真菌毒素污染情况调查》，载《中国食品卫生杂志》2021年第33卷第6期，第765~770页。

② 李颖：《市场监管总局：17批次食品抽检不合格》，载《中国质量万里行》2019年第11期，第18~19页。

③ 崔华、王松山、李森等：《部分市售粮食制品微生物污染状况监测分析》，载《中国粮油学报》2022年7月18日，第1~11页。

综合风险发生可能性为 c 级。整体上，农药残留和非法添加发生概率较低。

表 2-1　粮食及其制品风险发生可能性分级

产品及风险等级	安全指标项目		指标风险等级	风险发生可能性
粮食及其制品★★	污染物	镉（以 Cd 计）	●●●	c
		铅（以 Pb 计）	●●●	c
		苯并［a］芘	●●	d
		总砷（以 As 计）	●●	d
		总汞（以 Hg 计）	●●	d
		铬（以 Cr 计）	●	d
	微生物	菌落总数	●●●●	c
		大肠菌群	●●●●	c
		霉菌	●●	d
	食品添加剂	铝的残留量（干样品，以 Al 计）	●●●●●	b
		脱氢乙酸及其钠盐（以脱氢乙酸计）	●●●●	c
		山梨酸及其钾盐（以山梨酸计）	●●●●	c
		甜蜜素（以环己基氨基磺酸计）	●●●●	c
		二氧化硫残留量	●●●	c
		二氧化钛	●●●	c
		苯甲酸及其钠盐（以苯甲酸计）	●●●	c
		柠檬黄及其铝色淀	●●●	c
		糖精钠	●●●	c
		安赛蜜	●●	d
		日落黄及其铝色淀	●●	d
	生物毒素	脱氧雪腐镰刀菌烯醇	●●●●●	b
		黄曲霉毒素 B_1	●●●	c
		赭曲霉毒素 A	●●	d
		玉米赤霉烯酮	●●	d
	农药	马拉硫磷	●	d
	非法添加	过氧化苯甲酰	●●	d
		硼砂	●●	d
		硼酸	●	d

（二）风险结局严重性分析

食品安全风险结局的严重性主要通过风险指标的致病性和潜伏期特点进行评价，详见表2-2。镉、铅、总砷等重金属污染物具有蓄积性，粮食制品中的重金属超标主要源于土壤或灌溉用水受到工业污染，长期食用重金属含量超标的产品会造成器官损伤甚至死亡①，因此致病性为高度（▲▲▲▲）。苯并［a］芘属于一类强致癌物，致病性极高（▲▲▲▲▲）。正常污染情况下，除砷以外的重金属污染需要长期摄入才会造成危害，属于慢性毒性因而潜伏期极长（◆），因此主要污染物综合判断风险结局严重性为水平3。

真菌毒素中黄曲霉毒素 B_1 毒性最大、致病性极高（▲▲▲▲▲），脱氧雪腐镰刀菌烯醇、赭曲霉毒素A、玉米赤霉烯酮也具有高度致病性（▲▲▲▲）的特点，但其往往潜伏期较长（◆◆）②，综合评价其风险结局严重性为水平3。

大肠菌群、菌落总数和霉菌等微生物指标，是用以判定食品被细菌污染的程度，反映食品新鲜程度和卫生状况的微生物指标之一。菌落总数和霉菌超标说明其产品的卫生状况欠佳，容易腐败变质；大肠菌群指示食品被致病菌（如沙门氏菌、志贺氏菌、致病性大肠杆菌）污染的可能性较大③；霉菌有着极强的繁殖能力，霉变的食品产生的真菌毒素会引起不同程度的中毒。微生物超标往往会引起呕吐、腹泻、肠胃感染等，致病性一般为低度（▲▲）或中度（▲▲▲）。一般具有潜伏期短（◆◆◆）的特点④，且往往一天之内出现症状⑤，整体评价其风险结局严重性为水平3。

《中国居民膳食铝暴露风险评估报告》（2015年版）中指出我国日常膳食中的含铝食品对一般居民健康造成不良影响的可能性不大，但对于长期食用高

---

① 王慧、毛伟峰、蒋定国等：《中国居民水产品中四种常见重金属暴露评估》，载《中国食品卫生杂志》2019年第31卷第5期，第470~475页。

② 胡文敏、董海燕、宁忻等：《云南省部分食品黄曲霉毒素 B_1 膳食暴露风险评估》，载《食品安全质量检测学报》2020年第11卷第15期，第5215~5219页。

③ 赵娅柔、张秀宇、左敏等：《2016—2019年前三季度我国乳制品监督抽检结果分析》，载《食品安全质量检测学报》2021年第12卷第3期，第1184~1191页。

④ 白莉、王晔茹、王彝白纳等：《我国食品微生物风险评估的进展和挑战》，载《中国食品卫生杂志》2020年第32卷第6期，第598~603页。

⑤ 陶庆会、杨雪、宋玉洁等：《2017~2019年全国食品安全抽检情况分析》，载《食品工业科技》2021年第42卷第7期，第9页。

铝食品的消费者应予以关注。① 食品添加剂常见不合格因素中还包括脱氢乙酸及其钠盐、山梨酸及其钾盐、环己基氨基磺酸钠（甜蜜素）。脱氢乙酸及其钠盐是广泛使用的一种有效抑制霉菌的防腐剂，长期摄入可能会引起肝、肾和中枢神经系统损伤。随着对其危害性的研究越来越多，美国、欧盟等国家和地区已经几乎放弃在食品中使用脱氢乙酸钠。另外，长期摄入山梨酸在一定程度上会抑制骨骼生长，危害肾脏和肝脏。添加剂一般经过食品安全风险评估，致病性极低（▲）且潜伏期极长（◆），其风险结局严重性均为水平 1。农药残留马拉硫磷作为一种低毒杀虫剂广泛使用，非法添加过氧化苯甲酰、硼砂（酸）等，食用后轻者会出现食欲减退、消化不良等症状，严重者会呕吐、腹泻，需要长期积累才能导致进一步危害，因此综合风险结局严重性为水平 2。

表 2-2　粮食及其制品风险结局严重性分级

安全指标项目		致病性	潜伏期	风险结局严重性
污染物	镉（以 Cd 计）	▲▲▲▲	◆	3
	铅（以 Pb 计）	▲▲▲▲	◆	3
	苯并［a］芘	▲▲▲▲▲	◆	3
	总砷（以 As 计）	▲▲▲▲	◆◆◆	4
	总汞（以 Hg 计）	▲▲▲▲	◆	3
	铬（以 Cr 计）	▲▲▲▲	◆	3
微生物	菌落总数	▲▲	◆◆◆	3
	大肠菌群	▲▲▲	◆◆◆	3
	霉菌	▲▲	◆◆◆	3
食品添加剂	铝的残留量（干样品，以 Al 计）	▲	◆	1
	脱氢乙酸及其钠盐（以脱氢乙酸计）	▲	◆	1
	山梨酸及其钾盐（以山梨酸计）	▲	◆	1
	甜蜜素（以环己基氨基磺酸计）	▲	◆	1
	二氧化硫残留量	▲	◆	1
	二氧化钛	▲	◆	1

① 马宁：《中国居民膳食铝暴露风险评估》，首届管理毒理与风险评估培训班培训资料，［出版者不详］，2015 年版，第 228~234 页。

续表

安全指标项目		致病性	潜伏期	风险结局严重性
食品添加剂	苯甲酸及其钠盐（以苯甲酸计）	▲	◆	1
	柠檬黄及其铝色淀	▲	◆	1
	糖精钠	▲	◆	1
	安赛蜜	▲	◆	1
	日落黄及其铝色淀	▲	◆	1
生物毒素	脱氧雪腐镰刀菌烯醇	▲▲▲▲	◆◆	3
	黄曲霉毒素 B_1	▲▲▲▲▲	◆◆	4
	赭曲霉毒素 A	▲▲▲▲	◆◆	3
	玉米赤霉烯酮	▲▲▲▲	◆◆	3
农药	马拉硫磷	▲▲▲	◆◆◆	3
非法添加	过氧化苯甲酰	▲▲	◆◆	2
	硼砂	▲▲	◆◆	2
	硼酸	▲▲	◆◆	2

（三）风险评估分级

大型活动中粮食及其制品的食品安全风险评估分级详见表 2-3。其中，粮食及其制品中真菌毒素指标风险较高。其中，黄曲霉毒素 B_1 因为较高的风险发生可能性（c 级）和风险结局严重性（4 级），综合评价为极严重风险（E 级）。其次是脱氧雪腐镰刀菌烯醇达到 H 级，赭曲霉毒素 A、玉米赤霉烯酮也处于中度风险（M 级）。除了加工过程中真菌污染的控制，作物生长期尤其是抽穗、扬花、灌浆阶段是毒素产生、发展的关键时期，温湿度是真菌发生发展的关键环境条件，因此要加强“从田间到加工过程”的全链条风险控制。

其次是重金属污染，其中镉、铅风险发生性较高，以 c 级为主。但铬、总砷、总汞、苯并［a］芘发生可能性较低（d 级），由于风险结局严重性较高（3 级），综合评价在高度风险（H 级）或中度风险（M 级）。污染物指标超标可能是由于粮食种植环境受到周边环境污染，重金属迁移可能会导致作物受到污染，需要加强原料种植地的环境和灌溉用水的污染控制。

微生物指标中菌落总数和大肠菌群的风险发生性较高，以 c 级为主，风险结局严重性较高为水平 3，综合达到高危险度风险（H 级）。微生物指标超标主要由于产品加工原料、包装材料受污染，或在生产过程中受人员、工器具等生产设备、环境污染抑或有灭菌工艺的产品灭菌不彻底而导致。

此外，铝的残留和马拉硫磷在中等危险度风险（M 级），其他食品添加剂和非法添加都在低危险度风险（L 级）。

表 2-3　大型活动中粮食及其制品的食品安全风险评估分级

安全指标项目		风险发生可能性	风险结局严重性	综合评价
污染物	镉（以 Cd 计）	c	3	H
	铅（以 Pb 计）	c	3	H
	苯并［a］芘	d	3	M
	总砷（以 As 计）	d	4	H
	总汞（以 Hg 计）	d	3	M
	铬（以 Cr 计）	d	3	M
微生物	菌落总数	c	3	H
	大肠菌群	c	3	H
	霉菌	d	3	M
食品添加剂	铝的残留量（干样品，以 Al 计）	b	1	M
	脱氢乙酸及其钠盐（以脱氢乙酸计）	c	1	L
	山梨酸及其钾盐（以山梨酸计）	c	1	L
	甜蜜素（以环己基氨基磺酸计）	c	1	L
	二氧化硫残留量	c	1	L
	二氧化钛	c	1	L
	苯甲酸及其钠盐（以苯甲酸计）	c	1	L
	柠檬黄及其铝色淀	c	1	L
	糖精钠	c	1	L
	安赛蜜	d	1	L
	日落黄及其铝色淀	d	1	L
生物毒素	脱氧雪腐镰刀菌烯醇	b	3	H
	黄曲霉毒素 B_1	c	4	E
	赭曲霉毒素 A	d	3	M
	玉米赤霉烯酮	d	3	M

续表

安全指标项目		风险发生可能性	风险结局严重性	综合评价
农药	马拉硫磷	d	3	M
非法添加	过氧化苯甲酰	d	2	L
	硼砂	d	2	L
	硼酸	d	2	L

（四）相关保障政策措施

为了从源头保障我国粮食的食品安全，在粮食种植方面，应建立全国专业化的粮食产后服务中心，为种粮农民提供清理、干燥、储存、加工和销售等服务。同时，建立并完善由 6 个国家级、32 个省级、305 个市级和 960 个县级粮食质检机构组成的粮食质量安全检验监测体系。

在粮食储运方面，目前我国攻克了一系列粮食储藏保鲜保质、虫霉防治和减损降耗等关键技术难题，不断扩大先进的仓储设施规模。2018 年实现机械通风、粮情测控和环流熏蒸系统的仓容分别达到 7.5 亿吨、6.6 亿吨和 2.8 亿吨。安全绿色储粮、质量安全、营养健康、加工转化和现代物流等领域科研成果也得到广泛应用。①

在标准制定方面，我国参与国际食品法典、国际植物保护公约等国际规则制定，成功推动了世界动物卫生组织、国际标准化组织等十多项农药残留国际标准、谷物国际运输标准、国际贸易粮食检疫措施标准等国际标准的制定，并主导制修订小麦规格、玉米规格等多项粮食国际标准。

随着粮食安全保障法律法规的进一步完善，加强粮食生产能力、储备能力、流通能力建设，必将推动粮食产业高质量发展，提高国家粮食安全保障能力。

---

① 韩世鹤、高媛、刘斯琪等：《2019 年国家食品安全监督抽检不合格结果分析》，载《食品安全质量检测学报》2020 年第 11 卷第 14 期，第 4886~4893 页。

二、豆及豆制品的食品安全风险评估及分级

（一）风险发生可能性分析

统计2015—2019年抽检数据，豆及豆制品共抽检53702批次，其中不合格662批次，不合格率为1.23%，整体风险程度处于中度危险水平（★★★）。不合格指标主要集中在食品添加剂、微生物、污染物、生物毒素以及农药指标。其中，微生物大肠菌群指标风险极高（●●●●●）、菌落总数指标风险较高（●●●●），综合风险发生可能性均为b级（很可能发生）。食品添加剂中脱氢乙酸及其钠盐、山梨酸及其钾盐和苯甲酸及其钠盐指标风险均为极高（●●●●●），甜蜜素、防腐剂、铝残留量和二氧化硫残留量指标风险均为较高（●●●●），食品添加剂上述各指标综合风险发生可能性均为b级。食品添加剂中安赛蜜、日落黄及其铝色淀、糖精钠、柠檬黄及其铝色淀、丙酸、三氯蔗糖等指标风险为中度（●●●）或低度（●●），综合风险发生可能性均为c级（可能发生）。整体上豆及豆制品中污染物、生物毒素和农药的风险发生可能性均为c级。

表2-4　豆制品食品风险发生可能性分析

产品及风险等级	安全指标项目		指标风险等级	风险发生可能性
豆及豆制品★★★	污染物	铅（以Pb计）	●●●	c
		铬（以Cr计）	●●	c
		亚硝酸盐	●●	c
	微生物	大肠菌群	●●●●●	b
		菌落总数	●●●●	b
		沙门氏菌	●●	c
	食品添加剂	脱氢乙酸及其钠盐（以脱氢乙酸计）	●●●●●	b
		山梨酸及其钾盐（以山梨酸计）	●●●●●	b
		苯甲酸及其钠盐（以苯甲酸计）	●●●●●	b
		甜蜜素（以环己基氨基磺酸计）	●●●●	b
		防腐剂各自用量占其最大使用量比例之和	●●●●	b

续表

产品及风险等级	安全指标项目		指标风险等级	风险发生可能性
豆及豆制品★★★	食品添加剂	铝的残留量（干样品，以 Al 计）	●●●●	b
		二氧化硫残留量	●●●●	b
		安赛蜜	●●●	c
		日落黄及其铝色淀	●●●	c
		糖精钠	●●●	c
		柠檬黄及其铝色淀	●●●	c
		丙酸	●●	c
		三氯蔗糖	●●	c
	生物毒素	黄曲霉毒素 B_1	●●	c
		赭曲霉毒素 A	●●	c
	农药	克百威	●●	c
		氧乐果	●●	c

（二）风险结局严重性分析

食品安全风险结局的严重性主要通过风险指标的致病性和潜伏期特点进行评价，详见表 2-5。豆及豆制品不合格因素中风险等级较高的因素主要集中在微生物、生物毒素和农药中，污染物及食品添加剂的风险结局严重性等级相对较低。在微生物方面，菌落总数可用来判定食品被细菌污染的程度及卫生质量，它反映了食品在生产过程中是否符合卫生要求，菌落总数在一定程度上标志着食品卫生质量的优劣。食用菌落总数超标的食品，可能会引起急性中毒、呕吐、腹泻等症状，其危害等级为低度（▲▲），潜伏期常为数天（◆◆◆），综合判断菌落总数风险结局严重性为水平 3。大肠菌群是衡量食品卫生状况的重要微生物指标之一，大肠菌群超标说明食品卫生质量存在缺陷，被肠道致病菌（如沙门氏菌、志贺氏菌、致泻大肠埃希氏菌）污染的可能性较大。食用大肠菌群超标的食品可能会导致腹泻，严重的可引起呕吐等症状，因此其危害等级为中度（▲▲▲），潜伏期常为数天（◆◆◆），综合判断大肠菌群风险结局严重性为水平 3。沙门氏菌是常见的肠道致病菌，根据国家卫健委最新的食物中毒数据统计显示，50%～60%的食物中毒是由微生物引起的，其中沙门氏菌感染率最高。目前研究表明，沙门氏菌的致病机理与其鞭毛、黏附素等毒力因子有关。毒力因子不仅能够帮助沙门氏菌更好地侵入上皮细胞，引起身体炎症，还能在宿主细胞内定植，与肠道内的益生菌竞争，获得生长优势。① 此外，沙门氏菌能够产生大量内毒素和肠毒素，从而引发多种疾病，如伤寒、胃肠炎、败血症等，通常会伴随呕吐腹泻、发热畏寒、腹绞痛等症状，严重者甚至会引发脱水导致死亡，因此其危害等级为中度（▲▲▲），潜伏期较短，常在1天之内（◆◆◆◆），综合判断沙门氏菌风险结局严重性为水平4。

生物毒素方面，黄曲霉毒素被世界卫生组织国际癌症研究机构划定为Ⅰ类致癌物，是一种剧毒物质。黄曲霉毒素的危害性在于对人及动物肝脏有破坏作用，严重时，可导致肝癌甚至死亡，其危害等级极高（▲▲▲▲▲），其潜伏期常为数月（◆◆），综合评价黄曲霉毒素 B_1 风险结局严重性为水平4。赭曲霉毒素A被国际癌症研究机构确定为ⅡB类致癌物，它具有致癌、致畸等作用，可破坏免疫系统，并对肝肾造成损害②，还可以导致神经中毒等，其危害等级为高度（▲▲▲▲），潜伏期常为数月（◆◆），综合评价赭曲霉毒素A风险结局严重性为水平4。

农药方面，克百威又名呋喃丹，是氨基甲酸酯类农药中常见的一种杀虫剂。少量的残留不会引起人体急性中毒，但长期食用克百威超标的食品，对人体健康可能有一定影响，其危害等级为高度（▲▲▲▲），潜伏期较短，常在1天之内（◆◆◆◆），综合评价克百威风险结局严重性为水平3。氧乐果是一种广谱高效的内吸性有机磷农药，有良好的触杀和胃毒作用，主要用于防治吮吸式口器害虫和植物性螨。少量的残留不会引起人体急性中毒，但长期食用氧乐果超标的食品，对人体健康可能有一定影响，其危害等级为高度（▲▲▲▲），潜伏期较短，常在1天之内（◆◆◆◆），综合评价氧乐果风险结局严重性为水平4。

---

① MICHAEL J. MURRAY、冯元璋：《沙门氏菌——致病因子及肠道沙门氏菌病（综述）》，载《贵州畜牧兽医》1989年第2期。

② 张太、毛丹、王少敏等：《赭曲霉毒素A的研究进展》，载《分析科学学报》2021年第5期。

表 2-5 豆制品食品风险结局严重性分级

安全指标项目		致病性	潜伏期	风险结局严重性
污染物	铅（以 Pb 计）	▲▲▲▲	◆	2
	铬（以 Cr 计）	▲▲▲▲	◆	2
	亚硝酸盐	▲▲▲	◆◆◆	3
微生物	大肠菌群	▲▲▲	◆◆◆	3
	菌落总数	▲▲	◆◆◆	3
	沙门氏菌	▲▲▲	◆◆◆◆	4
食品添加剂	脱氢乙酸及其钠盐（以脱氢乙酸计）	▲	◆	1
	山梨酸及其钾盐（以山梨酸计）	▲	◆	1
	苯甲酸及其钠盐（以苯甲酸计）	▲	◆	1
	甜蜜素（以环己基氨基磺酸计）	▲	◆	1
	防腐剂各自用量占其最大使用量比例之和	▲	◆	1
	铝的残留量（干样品，以 Al 计）	▲	◆	1
	二氧化硫残留量	▲	◆	1
	安赛蜜	▲	◆	1
	日落黄及其铝色淀	▲	◆	1
	糖精钠	▲	◆	1
	柠檬黄及其铝色淀	▲	◆	1
	丙酸	▲	◆	1
	三氯蔗糖	▲	◆	1
生物毒素	黄曲霉毒素 B_1	▲▲▲▲▲	◆◆	4
	赭曲霉毒素 A	▲▲▲▲	◆◆	4
农药	克百威	▲▲▲▲	◆◆◆◆	3
	氧乐果	▲▲▲▲	◆◆◆◆	4

（三）风险评估分级

大型活动中豆制品的食品安全风险评估分级详见表 2-6。在微生物方面，沙门氏菌因为较高的风险发生可能性（c 级）和较大的风险结局严重性（4 级），综合评价为极严重风险（E 级）。大肠菌群和菌落总数因为风险发生可能性高（b 级）和风险结局严重性中等（3 级），综合评价为高危险度风险（H

级）。微生物指标超标主要来自产品的加工原料、包装材料受污染，或在生产过程中产品受人员、工器具等生产设备、环境的污染，有灭菌工艺的产品灭菌不彻底而导致。

在生物毒素方面，黄曲霉毒素 B_1 因风险发生可能性较高（c 级）和风险结局严重性较大（4 级），综合评价为极严重风险（E 级）。赭曲霉毒素 A 因为风险发生可能性较高（c 级）和风险结局严重性中等（3 级），综合评价为高危险度风险（H 级）。除了加工过程中真菌污染的控制，作物生长期是毒素产生、发展的关键时期。温湿度是真菌发生发展的关键环境条件，因此要加强“从田间到加工过程”的全链条风险控制。

农药方面，克百威和氧乐果因为较高的风险发生可能性（c 级）和较大的风险结局严重性（4 级），均综合评价为极严重风险（E 级）。严格把控豆类生产原料作物的进场质量，是控制豆类和豆制品农药风险的关键。

在污染物方面，铅、铬和亚硝酸盐，均因为较高的风险发生可能性（c 级）和中等的风险结局严重性（3 级），综合评价为高危险度风险（H 级）。污染物超标可能是由于豆类作物种植过程中对环境中镉元素的富集。

在食品添加剂方面，豆类及豆制品综合评价风险严重程度相对较弱。其中，脱氢乙酸及其钠盐、山梨酸及其钾盐、苯甲酸及其钠盐、甜蜜素、防腐剂、铝残留量和二氧化硫残留量均因为高风险发生可能性（b 级）和可忽略的风险结局严重性（1 级），综合评价为中等危险度风险（M 级）。食品添加剂中其他风险指标均评价为低危险度风险。食品添加剂超标可能是由于生产者为防止产品变质而违规添加，或采购的原料辅料中含有部分添加剂。

表 2-6　大型活动中豆制品食品安全风险评估整体结果及分析

指标项目		风险发生可能性	风险结局严重性	综合评价
污染物	铅（以 Pb 计）	c	3	H
	铬（以 Cr 计）	c	3	H
	亚硝酸盐	c	3	H
微生物	大肠菌群	b	3	H
	菌落总数	b	3	H
	沙门氏菌	c	4	E

续表

指标项目		风险发生可能性	风险结局严重性	综合评价
食品添加剂	脱氢乙酸及其钠盐（以脱氢乙酸计）	b	1	M
	山梨酸及其钾盐（以山梨酸计）	b	1	M
	苯甲酸及其钠盐（以苯甲酸计）	b	1	M
	甜蜜素（以环己基氨基磺酸计）	b	1	M
	防腐剂各自用量占其最大使用量比例之和	b	1	M
	铝的残留量（干样品，以 Al 计）	b	1	M
	二氧化硫残留量	b	1	M
	安赛蜜	c	1	L
	日落黄及其铝色淀	c	1	L
	糖精钠	c	1	L
	柠檬黄及其铝色淀	c	1	L
	丙酸	c	1	L
	三氯蔗糖	c	1	L
生物毒素	黄曲霉毒素 B_1	c	4	E
	赭曲霉毒素 A	c	3	H
农药	克百威	c	4	E
	氧乐果	c	4	E

（四）相关保障政策措施

为保障我国豆及豆制品行业健康有序发展，国家制定了一系列相关质量及安全标准。现行有效的国家标准及国家推荐性标准有《食品安全国家标准　豆制品》（GB 2712-2014）、《非发酵豆制品》（GB/T 22106-2008）、《食品卫生微生物学检验　冷食菜、豆制品检验》（GB/T 4789.23-2003）、《非发酵豆制品生产管理规范》（GB/T 29876-2013）和《豆制品生产 HACCP 应用规范》（GB/T 31115-2014）。上述标准严格定义了豆及豆制品相关概念，并对豆及豆制品的原料、感官、理化、污染物和真菌毒素、微生物和食品添加剂、保藏及储存条件等作出具体或限量要求，并规定了部分限量指标的检测方法，以保证我国豆及豆制品行业从生产原料到相关终产品，从生产到存储等都有相关标准可依据和执行。

2012 年，国家发展改革委、工业和信息化部发布的《食品工业“十二五”发展规划》和《粮食加工业发展规划（2011—2020 年）》提出，大豆加工业要充分利用我国非转基因大豆资源优势。2014 年，国务院办公厅印发的《中国食品与营养发展纲要（2014—2020 年）》指出，要充分发挥我国传统大豆资源优势，加强大豆种植资源研究和新品种培育，扶持国内大豆产业发展。2019 年，农业农村部办公厅印发的《大豆振兴计划实施方案》提出，推动中国大豆生产实现扩面、增产、提质、绿色的目标，为豆及豆制品发展奠定了重要政策基础。

三、食用油脂及其制品的食品安全风险评估及分级

（一）风险发生可能性分析

2015—2019 年全国食用油脂及其制品（包括食用植物油、食用动物油、食用油脂及其制品）的抽检数据有 101217 批次，整体不合格 2325 批次，不合格率为 2.30%，风险等级为中度（★★★），主要存在生物毒素、污染物、微生物和食品添加剂等方面的问题，详见表 2-7。黄曲霉毒素 B_1 和苯并［a］芘指标风险等级极高（●●●●●），黄曲霉毒素 B_1 超标的原因可能是因为原料在储存过程中温度、湿度等条件控制不当①，生产前对原料把关不严，精炼工艺不达标或工艺控制不当等导致。苯并［a］芘有较强的亲油脂性，因此在产业链中的多个环节都可能污染油料和油脂。食用油中苯并［a］芘超标的原因可能是原料受到了污染，例如油料作物在生长或晾晒过程中吸收了环境中的多环芳烃类污染物②，综合风险发生可能性均为 b 级。其次是霉菌、邻苯二甲酸二丁酯、铅、总砷、特丁基对苯二酚的指标风险等级为低度（●●），风险发生可能性为 c 级。其他微生物和食品添加剂发生超标的概率较低，不合格指标的风险发生可能性均为 d 级。

---

① 王赛楠、郭立净、智文莉等：《食用油、油脂及其制品的质量安全风险分析与监管对策研究》，载《中国油脂》2020 年第 45 卷第 9 期，第 38~42、66 页。

② 杨朝慧、吴炜亮、张朵等：《2015—2020 年我国食用植物油质量安全风险因素分析》，载《中国油脂》2021 年第 46 卷第 12 期，第 1~15 页。

表 2-7　食用油脂及其制品风险发生可能性分级

产品及风险等级	安全指标项目		指标风险等级	风险发生可能性
食用油脂及其制品★★★	生物毒素	黄曲霉毒素 B_1	●●●●●	b
	污染物	苯并［a］芘	●●●●●	b
		邻苯二甲酸二丁酯（DBP）	●●	c
		铅（以 Pb 计）	●●	c
		总砷（以 As 计）	●●	c
	微生物	霉菌	●●	c
		大肠菌群	●	d
	食品添加剂	特丁基对苯二酚（TBHQ）	●●	c
		二丁基羟基甲苯	●	d
		糖精钠	●	d
		苯甲酸及其钠盐（以苯甲酸计）	●	d
		山梨酸及其钾盐（以山梨酸计）	●	d

（二）风险结局严重性分析

食品安全风险结局的严重性主要通过污染物、微生物、食品添加剂、生物毒素等安全指标的致病性和潜伏期特点进行评价，详见表 2-8。

据统计，全球的粮食作物及其衍生食品中约有 25%存在真菌毒素污染。它们的代谢产物会引起人体内脏中毒，以及免疫功能和代谢功能异常。① 污染物指标中黄曲霉毒素是世界公认的三大致癌物（黄曲霉毒素、苯并［a］芘和亚硝胺类）之一，2017 年世界卫生组织国际癌症研究机构将其列为一类致癌物。黄曲霉毒素 B_1 是一种强致癌性的化学物质，当人体摄入大量黄曲霉毒素 B_1 时，可发生急性中毒，出现急性肝炎、出血性坏死、肝细胞脂肪变性和胆管增生。当微量持续摄入时，可造成慢性中毒、生长障碍、纤维性病变或纤维组织增生。黄曲霉毒素的致癌力居首位，是目前已知最强的致癌物之一。其致病性极高（▲▲▲▲▲），潜伏期较长（◆◆），具有发病快、病症严重等特点，综合评价其风险结局严重性为水平 4。苯并［a］芘不仅有强烈的致癌性，还有

① Koutsias I，Kollia E，Makri K，et al. Occurrence and Risk Assessment of Aflatoxin B1 in Spices Marketed in Greece. Analytical Letters.

致畸、致突变效应，能够损伤人体肝脏、中枢神经、血液和 DNA 修复能力。其致病性极高（▲▲▲▲▲），同时潜伏期极长（◆），风险结局严重性为水平 3。

微生物指标中霉菌和大肠菌群一般具有潜伏期短的特点（◆◆◆）①，致病性一般为低度（▲▲）或中度（▲▲▲）。在特殊环境下如潮气太重时，霉菌能脱离机体自主生长，这会进一步加剧霉菌的毒害作用。比如，枝孢菌会由器具表面扩散至空气中，而后进入人体引发过敏反应。整体评价其风险结局严重性均为水平 3。

表 2-8　食用油脂及其制品风险结局严重性分级

指标项目		致病性	潜伏期	风险结局严重性
真菌毒素	黄曲霉毒素 B_1	▲▲▲▲▲	◆◆	4
污染物	苯并［a］芘	▲▲▲▲▲	◆	3
	邻苯二甲酸二丁酯（DBP）	▲▲▲▲	◆	3
	铅（以 Pb 计）	▲▲▲▲	◆	2
	总砷（以 As 计）	▲▲▲▲	◆◆◆	2
微生物	霉菌	▲▲	◆◆◆	3
	大肠菌群	▲▲▲	◆◆◆	3
食品添加剂	特丁基对苯二酚（TBHQ）	▲	◆	1
	二丁基羟基甲苯	▲	◆	1
	糖精钠	▲	◆	1
	苯甲酸及其钠盐（以苯甲酸计）	▲	◆	1
	山梨酸及其钾盐（以山梨酸计）	▲	◆	1

（三）风险评估分级

食用油脂及其制品整体风险评估，对黄曲霉毒素 B_1 进行综合评价，风险结局严重性较高，其风险发生可能性为 b 级，综合评价为极严重风险等级（E 级）。

微生物指标和污染物指标的风险结局严重性为水平 3、水平 4 或者水平 2，

① 白莉、王晔茹、王彝白纳等：《我国食品微生物风险评估的进展和挑战》，载《中国食品卫生杂志》2020 年第 32 卷第 6 期，第 598~603 页。

风险发生的可能性集中在 b 级、c 级和 d 级。综合评价来看，霉菌、大肠菌群、苯并［a］芘、铅和总砷的风险为 H 级，污染物指标中邻苯二甲酸二丁酯为 M 级，添加剂的风险结局严重性均为水平 1，所以综合评价风险为 L 级。

表 2-9　大型活动中食用油脂及其制品的食品安全风险评估分级

安全指标项目		风险发生可能性	风险结局严重性	综合评价
生物毒素	黄曲霉毒素	b	4	E
微生物	霉菌	b	3	H
	大肠菌群	c	3	H
污染物	苯并［a］芘	c	3	H
	邻苯二甲酸二丁酯（DBP）	c	2	M
	铅	c	3	H
	总砷	d	4	H
添加剂	特丁基对苯二酚（TBHQ）	c	1	L
	二丁基羟基甲苯	d	1	L
	糖精钠	d	1	L
	苯甲酸及其钠盐（以苯甲酸计）	d	1	L
	山梨酸及其钾盐（以山梨酸计）	d	1	L

（四）相关保障政策及改进措施

保障食用油的质量安全需要政府、企业和消费者多方共同努力。继续完善食用油脂及其制品的相关标准体系，只有在具有标准保障的条件下，企业才能严格按照标准要求，严控加工环节，从而保障消费者的生命健康。黄曲霉毒素 B_1 主要存在于各种农作物和油料副产品中，以花生和玉米最为严重。我国《食品安全国家标准　食品中真菌毒素限量》（GB 2761-2017）中规定了花生油和玉米油中黄曲霉毒素 B_1 的限量要求是≤20μg/kg，其他植物油脂≤10μg/kg。黄曲霉毒素 B_1 常存在于霉变的花生中。[①] 正规的食用油生产企业会在粗油精炼的过程中依靠活性白土吸附法、碱炼法、紫外线裂解等各种精炼工艺根除原料

① 余晓琴、陈小泉：《食用油标准使用解读和检测注意事项》，载《中国市场监管报》2021 年 1 月 7 日，第 8 版。

霉变导致的黄曲霉毒素 B_1 污染。① 尽管如此，一些正规厂家生产的食用油也会被检出黄曲霉毒素 B_1 超标，这可能是由于生产者没有严格挑选和监测原料，未采用精炼工艺或工艺控制不当。

根据数据分析，得到了如下几个方面的启示：第一，监管部门在加大对食用植物油监督力度的同时，可以根据不同品种、不同规格、不同产地和不同抽样主体食用油中存在的质量安全风险因素的特点，差异化分配监管资源，进而提高监管效率。倒逼生产企业加强原辅料和加工过程的控制，减少食用植物油不合格的数量。第二，生产加工企业是食用植物油质量安全的第一主体责任人，企业应从产业链的全过程加强质量安全管理，控制好原辅料的品质与安全。遵循国家标准与规范，严格控制生产加工流程，不断优化加工工艺，降低食用油生产加工过程中的各种质量安全风险，提高所产食用油的质量安全水平。第三，要加强对消费者的食品安全与营养健康科普宣传与教育，让更多的消费者了解食用油质量安全相关知识。逐步养成安全、健康的消费和饮食习惯，例如详细阅读所购食用油的标签，尽量不买散装油，家中不储存过多食用油，将食用油密封保存，避免高温和潮湿等。②

四、水果及其制品的食品安全风险评估及分级

（一）风险发生可能性分析

2015—2019 年，全国水果及其制品抽检数据有 100194 批次，整体不合格 2183 批次，不合格率为 2.18%，风险等级为中度（★★★）。主要不合格指标为污染物中铅和总砷、微生物、食品添加剂和部分农药残留等，这些指标均具有风险发生的可能性，详见表 2-10。其中污染物中的亚硝酸盐和微生物指标中的霉菌和酵母的风险等级极高（●●●●●），综合风险发生可能性为 c 级或 d 级。食品添加剂可用于提高食品防腐性能和抗氧化能力，也是水果及其制品中不可缺少的一部分。但是大量使用食品添加剂会影响人们的身体健康，

① 江虹：《国际食品法典标准的趋同——兼论我国食品安全标准体系的应对》，载《湘潭大学学报（哲学社会科学版）》2016 年第 40 卷第 1 期，第 34~37 页。

② 吕冰峰、吕卓、邢书霞：《2016~2018 年全国食品安全监督抽检的食品安全形势分析》，载《食品安全质量检测学报》2019 年第 10 卷第 15 期，第 5221~5226 页。

所以食品添加剂成为食品质量安全检查的主要对象，也是每年水果及其制品的主要问题形式。二氧化硫是食品加工中常用的防腐剂、漂白剂。除此之外，常见的防腐剂包括山梨酸及其钾盐、苯甲酸及其钠盐等。甜蜜素、脱氢乙酸及其钠盐等均属于食品添加剂范畴，风险等级大多出现在中度（●●●）和高度（●●●●），综合发生风险可能性分别为 b 级或 c 级。虽然国家严格控制食品添加剂的质量安全，但是每年依然有数百批次的水果及其制品因食品添加剂问题被管控。主要原因在于生产企业没有正确理解食品安全相关规定，混合使用后总量超标，或因生产加工技术不过关，不能根据国家要求来控制生产中的使用量①。农药指标中丙溴磷的风险为高度（●●●●），统计结果综合风险发生的可能性为 b 级，很可能发生农药残留超标现象。

表 2-10　水果及其制品风险发生可能性分级

产品及风险等级	安全指标项目		风险等级	风险发生可能性
水果及其制品 ★★★	污染物	铅（以 Pb 计）	●●●●	b
		总砷（以 As 计）	●●	c
		镉（以 Cd 计）	●	d
		亚硝酸盐	●●●●●	d
	微生物	菌落总数	●●●●	b
		霉菌	●●●	b
		大肠菌群	●●	c
		霉菌和酵母	●●●●●	c
	食品添加剂	二氧化硫残留量	●●●●	b
		苯甲酸及其钠盐（以苯甲酸计）	●●●●	b
		甜蜜素（以环己基氨基磺酸计）	●●●●	b
		防腐剂各自用量占其最大使用量比例之和	●●●	b
		胭脂红及其铝色淀	●●●	c
		亮蓝及其铝色淀	●●●	c
		安赛蜜	●●●	c
		乙二胺四乙酸二钠钙（EDTA）	●●●	c

① 张海滨：《水果制品产品安全质量分析》，载《食品安全导刊》2022 年第 6 期，第 19~21 页。

续表

产品及风险等级	安全指标项目		风险等级	风险发生可能性
水果及其制品★★★	食品添加剂	苋菜红及其铝色淀	●●●	c
		山梨酸及其钾盐（以山梨酸计）	●●●	c
		糖精钠	●●●	c
		脱氢乙酸及其钠盐（以脱氢乙酸计）	●●	c
		乙二胺四乙酸二钠	●●	c
		柠檬黄及其铝色淀	●●	c
		日落黄及其铝色淀	●●	c
		诱惑红及其铝色淀	●●	c
		相同色泽着色剂混合使用时各自用量占其最大使用量的比例之和	●●	c
		亚硫酸盐	●●	c
		铝的残留量（干样品，以 Al 计）	●	d
		阿斯巴甜	●	d
		二氧化钛	●	d
	农药	丙溴磷	●●●●	b
		吡唑醚菌酯	●●●	c
		克百威	●●●	c
		三唑磷	●●	c
		氧乐果	●●	c
		敌敌畏	●●	c
		苯醚甲环唑	●●	c
		对硫磷	●●	c
		氯唑磷	●●	c
		氯氟氰菊酯和高效氯氟氰菊酯	●●	c
		多菌灵	●●	c
		甲胺磷	●●	c
		水胺硫磷	●	d
		联苯菊酯	●	d
		毒死蜱	●	d

续表

产品及风险等级	安全指标项目		风险等级	风险发生可能性
水果及其制品★★★	农药	灭线磷	●	d
		狄氏剂	●	d
		氰戊菊酯和S-氰戊菊酯	●	d
		甲基硫环磷	●	d
		硫丹	●	d
		戊唑醇	●	d
		氯吡苯脲	●	d
		腈苯唑	●	d
		甲拌磷	●	d
		烯酰吗啉	●	d
		氯氰菊酯和高效氯氰菊酯	●	d
		久效磷	●	d

（二）风险结局严重性分析

食品安全风险结局的严重性主要通过污染物、微生物、食品添加剂、生物毒素等安全指标的致病性和潜伏期特点进行评价，详见表2-11。

在水果及其制品的生产加工过程中，重金属同样是质量安全检查的重点之一。长期过量摄入重金属含量超标的水果制品可能会导致人体慢性中毒。① 镉、铅、总砷等重金属污染物具有蓄积性，在体内蓄积后可影响大脑和神经系统。同时，统计结果显示水果及其制品中亚硝酸盐致病性为中度（▲▲▲），潜伏期中度（◆◆◆），综合其风险结局严重性为水平3。亚硝酸盐超标可能是由氮素肥料使用不合格所导致的。

菌落总数是用以判定食品被细菌污染的程度，反映食品新鲜度和卫生状况的重要微生物指标之一。如果食品中菌落总数严重超标，说明其卫生状况未达到基本要求。细菌污染会破坏食品的营养成分，加速食品的腐败变质，使食品失去食用价值。消费者食用微生物超标严重的食品，很容易患痢疾等肠道疾

① 吴长青、王海璐、冯俊：《水果制品产品安全质量分析》，载《质量与标准化》2021年第1期，第48~51页。

病，可引起呕吐、腹泻等症状，危害人体健康安全。大肠菌群是国内外通用的食品污染常用指示菌之一。[①] 大肠菌群、菌落总数和霉菌等微生物指标一般具有潜伏期短的特点，在水果及其制品中关于其致病性一般为中度（▲▲▲），整体评价其风险结局严重性为水平 3。微生物指标不合格原因可能由于水果及其制品的特性以及储存和运输环境，导致大量霉菌的存在。不同种类的霉菌其生长繁殖和产毒能力也有所差异，食用已霉变的食品会引起不同程度的中毒，国家对食品中的霉菌有严格的限量标准。

据统计分析，食品添加剂中二氧化硫残留量的致病性为中度（▲▲▲），潜伏期也为中度（◆◆◆）。但其风险结局严重性为水平 1，意味着可忽略其风险严重的可能性。食品安全是最大的民生工作，为了保障水果的丰收和品质，农药的使用便成为必需。保证农药对各种虫草高毒、对人类等哺乳动物低毒是广大果农的首选，农药的大量使用可能会导致水果及其制品的农药残留成为食品安全问题。统计结果显示，农药指标中除了丙溴磷和吡唑醚菌酯，其余农药指标致病性均为中度（▲▲▲），潜伏期也为中度（◆◆◆），综合风险结局严重性为水平 3，所以不合理使用农药依然是导致我国农产品农药残留问题的主要原因。[②]

表 2-11　水果及其制品的风险结局严重性分级

指标项目		致病性	潜伏期	风险结局严重性
污染物	铅（以 Pb 计）	▲▲▲	◆	2
	总砷（以 As 计）	▲▲▲	◆	2
	镉（以 Cd 计）	▲▲▲	◆	2
	亚硝酸盐	▲▲▲	◆◆◆	3
微生物	菌落总数	▲▲▲	◆◆◆	3
	霉菌	▲▲▲	◆◆◆	3
	大肠菌群	▲▲▲	◆◆◆	3
	霉菌和酵母	▲▲▲	◆◆◆	3

① 常芳、宋菊兰：《农产品中蔬菜水果质量安全监测样品制备及保存技术》，载《农业开发与装备》2020 年第 6 期，第 103、105 页。

② 毛雪飞、焦必宁、钱永忠等：《加工过程对水果及其制品中农药残留的影响》，载《核农学报》2008 年第 1 期，第 74~79 页。

续表

指标项目		致病性	潜伏期	风险结局严重性
食品添加剂	二氧化硫残留量	▲▲▲	◆◆◆	1
	苯甲酸及其钠盐（以苯甲酸计）	▲	◆	1
	甜蜜素（以环己基氨基磺酸计）	▲	◆	1
	防腐剂各自用量占其最大使用量比例之和	▲	◆	1
	胭脂红及其铝色淀	▲	◆	1
	亮蓝及其铝色淀	▲	◆	1
	安赛蜜	▲	◆	1
	乙二胺四乙酸二钠钙（EDTA）	▲	◆	1
	苋菜红及其铝色淀	▲	◆	1
	山梨酸及其钾盐（以山梨酸计）	▲	◆	1
	糖精钠	▲	◆	1
	脱氢乙酸及其钠盐（以脱氢乙酸计）	▲	◆	1
	乙二胺四乙酸二钠	▲	◆	1
	柠檬黄及其铝色淀	▲	◆	1
	日落黄及其铝色淀	▲	◆	1
	诱惑红及其铝色淀	▲	◆	1
	相同色泽着色剂混合使用时各自用量占其最大使用量的比例之和	▲	◆	1
	亚硫酸盐	▲	◆	1
	铝的残留量（干样品，以 Al 计）	▲	◆	1
	阿斯巴甜	▲	◆	1
	二氧化钛	▲	◆	1
农药	丙溴磷	▲	◆	3
	吡唑醚菌酯	▲	◆	3
	克百威	▲▲▲	◆◆◆	3
	三唑磷	▲▲▲	◆◆◆	3
	氧乐果	▲▲▲	◆◆◆	3
	敌敌畏	▲▲▲	◆◆◆	3
	苯醚甲环唑	▲▲▲	◆◆◆	3

续表

指标项目		致病性	潜伏期	风险结局严重性
农药	对硫磷	▲▲▲	◆◆◆	3
	氯唑磷	▲▲▲	◆◆◆	3
	氯氟氰菊酯和高效氯氟氰菊酯	▲▲▲	◆◆◆	3
	多菌灵	▲▲▲	◆◆◆	3
	甲胺磷	▲▲▲	◆◆◆	3
	水胺硫磷	▲▲▲	◆◆◆	3
	联苯菊酯	▲▲▲	◆◆◆	3
	毒死蜱	▲▲▲	◆◆◆	3
	灭线磷	▲▲▲	◆◆◆	3
	狄氏剂	▲▲▲	◆◆◆	3
	氰戊菊酯和 S-氰戊菊酯	▲▲▲	◆◆◆	3
	甲基硫环磷	▲▲▲	◆◆◆	3
	硫丹	▲▲▲	◆◆◆	3
	戊唑醇	▲▲▲	◆◆◆	3
	氯吡苯脲	▲▲▲	◆◆◆	3
	腈苯唑	▲▲▲	◆◆◆	3
	甲拌磷	▲▲▲	◆◆◆	3
	烯酰吗啉	▲▲▲	◆◆◆	3
	氯氰菊酯和高效氯氰菊酯	▲▲▲	◆◆◆	3
	久效磷	▲▲▲	◆◆◆	3

（三）风险评估分级

大型活动中水果及其制品的食品安全风险评估分级详见表 2-12。水果及其制品中无极严重风险（E 级）指标，达到高危险度风险（H 级）的污染物、微生物指标有菌落总数、霉菌、大肠菌群和铅。这说明水果及其制品特别容易感染微生物，可能导致水果及其制品损坏或者变质等后果，所以需要严格控制加工过程环境清洁等因素。

其次是农药指标中丙溴磷、吡唑醚菌酯、克百威、三唑磷、氧乐果、敌敌畏、苯醚甲环唑、对硫磷、氯唑磷、氯氟氰菊酯、高效氯氟氰菊酯、多菌灵和甲胺磷，综合评价为H级，达到高危险度风险。其余农药指标为中等危险度风险（M级）。除此之外，污染物中的总砷（以As计）和亚硝酸盐以及食品添加剂中二氧化硫残留量、苯甲酸及其钠盐（以苯甲酸计）、甜蜜素（以环己基氨基磺酸计）、防腐剂等指标也是中等危险度风险（M级）。其余食品添加剂指标和污染物指标均为低危险度风险（L级）。

表2-12 大型活动中水果及其制品的食品安全风险评估分级

指标项目		风险发生可能性	风险结局严重性	综合评价
污染物	铅（以Pb计）	b	2	H
	总砷（以As计）	c	2	M
	镉（以Cd计）	d	2	L
	亚硝酸盐	d	3	M
微生物	菌落总数	b	3	H
	霉菌	b	3	H
	大肠菌群	c	3	H
	霉菌和酵母	c	3	H
食品添加剂	二氧化硫残留量	b	1	M
	苯甲酸及其钠盐（以苯甲酸计）	b	1	M
	甜蜜素（以环己基氨基磺酸计）	b	1	M
	防腐剂各自用量占其最大使用量比例之和	b	1	M
	胭脂红及其铝色淀	c	1	L
	亮蓝及其铝色淀	c	1	L
	安赛蜜	c	1	L
	乙二胺四乙酸二钠钙（EDTA）	c	1	L
	苋菜红及其铝色淀	c	1	L
	山梨酸及其钾盐（以山梨酸计）	c	1	L
	糖精钠	c	1	L
	脱氢乙酸及其钠盐（以脱氢乙酸计）	c	1	L
	乙二胺四乙酸二钠	c	1	L
	柠檬黄及其铝色淀	c	1	L

续表

指标项目		风险发生可能性	风险结局严重性	综合评价
食品添加剂	日落黄及其铝色淀	c	1	L
	诱惑红及其铝色淀	c	1	L
	相同色泽着色剂混合使用时各自用量占其最大使用用量的比例之和	c	1	L
	亚硫酸盐	c	1	L
	铝的残留量（干样品，以 Al 计）	d	1	L
	阿斯巴甜	d	1	L
	二氧化钛	d	1	L
农药	丙溴磷	b	3	H
	吡唑醚菌酯	c	3	H
	克百威	c	3	H
	三唑磷	c	3	H
	氧乐果	c	3	H
	敌敌畏	c	3	H
	苯醚甲环唑	c	3	H
	对硫磷	c	3	H
	氯唑磷	c	3	H
	氯氟氰菊酯和高效氯氟氰菊酯	c	3	H
	多菌灵	c	3	H
	甲胺磷	c	3	H
	水胺硫磷	d	3	M
	联苯菊酯	d	3	M
	毒死蜱	d	3	M
	灭线磷	d	3	M
	狄氏剂	d	3	M
	氰戊菊酯和 S-氰戊菊酯	d	3	M
	甲基硫环磷	d	3	M
	硫丹	d	3	M
	戊唑醇	d	3	M

续表

指标项目		风险发生可能性	风险结局严重性	综合评价
农药	氯吡苯脲	d	3	M
	腈苯唑	d	3	M
	甲拌磷	d	3	M
	烯酰吗啉	d	3	M
	氯氰菊酯和高效氯氰菊酯	d	3	M
	久效磷	d	3	M

（四）相关保障政策措施

我国水果产量长期以来稳居世界第一，随着我国人口的增加、膳食种类结构的调整和经济水平的提高，我国居民的水果消费量也会不断增加。水果及其制品包括新鲜水果和水果制品两大类，由于消费升级和消费者对品质要求的提高，水果消费结构向多样化、优质化、品牌化转变，水果制品的消费量也逐年增加。因此，水果及其制品的安全问题非常重要。

水果及其制品质量与安全的保障要求各地政府和监督机构严格控制水果及其制品的质量水平，完善水果制品的加工和运输过程，监督和提高水果及其制品各个阶段的质量要求，同时完善相应的法律法规。

五、蔬菜及其制品的食品安全风险评估及分级

（一）风险发生可能性分析

蔬菜制品共抽检 193763 批次，其中不合格 5546 批次，整体不合格率为 2.86%，风险处于中等水平（★★★）。食品添加剂指标方面，苯甲酸及其钠盐、二氧化硫残留量、防腐剂问题不合格率极高，指标风险极高（●●●●●）或高度（●●●●），风险发生可能性为 b 级。农药残留超标问题较为严重，例如，毒死蜱、腐霉利、4-氯苯氧乙酸钠、克百威和氧乐果风险发生可能性为 b 级。其余农药指标风险发生可能性均为 c 级或 d 级。污染物整体风险中等，其中镉的指标风险等级为高度（●●●●），风险发生可能性为 b 级，其

余指标均为c级或d级。微生物指标整体较低，风险发生可能性为c级或d级。具体见表2-13。

表2-13　蔬菜及其制品风险发生可能性分级

产品及风险级别	指标大类	指标小类及频率	指标风险等级	风险发生可能性
蔬菜及其制品★★★	微生物	大肠菌群	●●●	c
		金黄色葡萄球菌	●●	c
		菌落总数	●●	c
		大肠杆菌	●	d
		沙门氏菌	●	d
		霉菌	●	d
	污染物	镉（以Cd计）	●●●●	b
		铅（以Pb计）	●●●	c
		总砷（以As计）	●●	c
		总汞（以Hg计）	●●	c
		亚硝酸盐	●●	c
		铬（以Cr计）	●	d
	农残	毒死蜱	●●●●●	b
		腐霉利	●●●●	b
		4-氯苯氧乙酸钠	●●●●	b
		克百威	●●●●	b
		氧乐果	●●●●	b
		氟虫腈	●●●	c
		甲拌磷	●●●	c
		灭蝇胺	●●	c
		啶虫脒	●●	c
		六六六	●●	c
		氯氟氰菊酯和高效氯氟氰菊酯	●●	c
		多菌灵	●●	c
		氯氰菊酯和高效氯氰菊酯	●●	c
		水胺硫磷	●●	c
		辛硫磷	●●	c

续表

产品及风险级别	指标大类	指标小类及频率	指标风险等级	风险发生可能性
蔬菜及其制品★★★	农残	硫丹	●●	c
		甲胺磷	●●	c
		阿维菌素	●●	c
		氯唑磷	●●	c
		6-苄基腺嘌呤	●●	c
		甲基异柳磷	●●	c
		乐果	●●	c
		氯丹	●●	c
		氯菊酯	●●	c
		灭线磷	●●	d
		百菌清	●	d
		代森锰锌	●	d
		倍硫磷	●	d
		灭多威	●	d
		久效磷	●	d
		甲氰菊酯	●	d
		滴滴涕	●	d
		敌敌畏	●	d
		甲氨基阿维菌素苯甲酸盐	●	d
		对硫磷	●	d
		二甲戊灵	●	d
		敌百虫	●	d
		苯醚甲环唑	●	d
		乙酰甲胺磷	●	d
		涕灭威	●	d
		4-氯苯氧基乙酸	●	d
		噁唑菌酮	●	d
		三唑酮	●	d
		唑虫酰胺	●	d

续表

产品及风险级别	指标大类	指标小类及频率	指标风险等级	风险发生可能性
蔬菜及其制品★★★	农残	马拉硫磷	●	d
		咪鲜胺	●	d
		甲基对硫磷	●	d
		杀扑磷	●	d
		联苯肼酯	●	d
	添加剂	二氧化硫残留量	●●●●●	b
		苯甲酸及其钠盐（以苯甲酸计）	●●●●●	b
		防腐剂各自用量占其最大使用量比例之和	●●●●	b
		甜蜜素（以环己基氨基磺酸计）	●●●	c
		糖精钠	●●●	c
		山梨酸及其钾盐（以山梨酸计）	●●●	c
		安赛蜜	●●	c
		脱氢乙酸及其钠盐（以脱氢乙酸计）	●●	c
		亚硫酸盐	●●	c
		乙二胺四乙酸二钠钙（EDTA）	●●	c
		日落黄及其铝色淀	●●	c
		乙二胺四乙酸二钠	●●	c
		柠檬黄及其铝色淀	●●	c
		阿斯巴甜	●●	c
		对羟基苯甲酸乙酯	●	d
		三氯蔗糖	●	d
		亮蓝及其铝色淀	●	d
		纽甜	●	d
		铝的残留量（干样品，以 Al 计）	●	d
		甜味剂	●	d
		胭脂红及其铝色淀	●	d
		诱惑红及其铝色淀	●	d
		β—胡萝卜素	●	d
	非法添加	苏丹红 I-IV	●	d
		罗丹明 B	●	d

（二）风险结局严重性分析

从整体不合格原因分类来看，蔬菜及其制品中食品添加剂问题相对比较严重。这类问题出现在酱腌菜、干燥蔬菜中，二氧化硫残留量超标，还有不法商家添加超标防腐剂。另外，蔬菜中无法避免的就是农药残留问题，这可能是由于鲜菜的生产环节操作不规范，导致农药存在残留，或者是在种植蔬菜时过度投放农药。4-氯苯氧乙酸钠作为植物生长调节剂和除草剂，多用于豆芽等蔬菜的种植过程。该农药对人体有一定积累毒性，其致病性和潜伏期均属于较高水平，评估其风险结局严重性为水平 4；氟虫腈的致病性为中度，潜伏期较短，评估其风险结局严重性为水平 3；腐霉利、克百威、氧乐果、甲拌磷的致病性高，潜伏期短，评估其风险结局严重性为水平 4。农药残留不合格是蔬菜及其制品不合格的第二大因素，近 60%的不合格农残项目为禁用农药，包括毒死蜱、克百威、氧乐果、甲拌磷、氟虫腈和水胺硫磷，以毒死蜱检出的不合格项次较多。抽检不合格产品有 648 批次，占农药问题总体的 24. 55%。其次是腐霉利不合格产品有 520 批次，占总体的 19. 70%。

毒死蜱，又名氯蜱硫磷，曾是替代高毒有机磷农药的主要品种，也是全世界目前使用最广泛的有机磷酸酯杀虫剂。该农药属于中等毒性、高效、广谱的有机磷杀虫剂，逸散在周围土壤、大气、水体中的毒死蜱可能会对生态系统造成污染。长期暴露在含有毒死蜱的环境中，可能会导致神经毒性、生殖毒性，还会影响胚胎的生长发育。为保障农业生产安全、农产品质量安全和生态环境安全，农业农村部第 2032 号公告规定，自 2014 年 12 月 31 日起，撤销毒死蜱和三唑磷在蔬菜上的登记。自 2016 年 12 月 31 日起，禁止毒死蜱和三唑磷在蔬菜上使用。因此对于蔬菜来说，毒死蜱为禁用农药。

腐霉利，又称速克灵等，为新型、低毒、广谱的内吸性杀菌剂。该农药持效期长，能防治黄瓜、茄子、番茄、洋葱等的灰霉病，莴苣、辣椒的茎腐病，油菜的菌核病等。腐霉利对眼睛、皮肤有刺激作用，菜农多用腐霉利喷雾防治病菌侵染。为保证产量，存在过量使用农药的可能。

虽然我国批准使用的食品添加剂均通过了科学的安全评估，但在超范围或超量使用的情况下仍会带来食品安全风险。然而，多数情况下，食品添加剂的致病性极低（▲）、潜伏期极长（◆），其风险结局严重性为水平 1。如苯甲酸及其钠盐是食品工业中常见的一种防腐保鲜剂，对霉菌、酵母和细菌有较好的抑制作用。苯甲酸及其钠盐的安全性较高，少量苯甲酸对人体无毒害，可随尿液排出体外，在人体内不会蓄积。过量食入苯甲酸会引起流口水、腹泻、腹痛、心跳加快等症状，长期使用可能导致皮肤过敏。造成使用超量的主要原因是企业对添加量的控制不严格、计算不准确，对添加剂最大使用量理解不透彻。

二氧化硫是国内外允许使用的一种食品添加剂，通常情况下，该物质以焦亚硫酸钾、焦亚硫酸钠、亚硫酸钠、亚硫酸氢钠和低亚硫酸钠等亚硫酸盐的形式添加于食品中，或采用硫黄熏蒸的方式用于食品处理，发挥护色、防腐、漂白和抗氧化的作用。比如，在水果、蔬菜干制，蜜饯、凉果生产，白砂糖加工及鲜食用菌和藻类储藏和加工过程中可以防止氧化褐变或微生物污染。利用二氧化硫气体熏蒸果蔬原料，可抑制原料中氧化酶的活性，使制品色泽明亮美观。二氧化硫进入人体后最终转化为硫酸盐并随尿液排出体外，少量二氧化硫进入人体不会对身体健康带来危害，但过量食用会引起恶心、呕吐等胃肠道反应。检出二氧化硫残留量的原因可能是生产企业违规使用硫黄、亚硫酸盐、焦亚硫酸盐等含硫添加剂；生产过程控制不严或超限量使用；使用硫黄熏过的原料也可能带入二氧化硫残留。

从统计数据上分析，问题主要集中在镉和铅超标上。其中镉为最主要的不合格原因，不合格产品占比超过一半，达到53.80%。其次是铅超标问题，达到112批次，占总体的23.63%。污染物超标主要来源于蔬菜的种植环境，一旦种植土壤的灌溉系统受到重工业工厂的排水污染，就会导致蔬菜中的重金属指标超标。

镉对人体具有严重的损害，过量摄入镉可以引起肾、肝、肺、骨和生殖系统发生病变或癌症。因此，镉也是WTO重点监控的食物污染物之一，并被美国毒物管理委员会列为对人体有毒有害物质第六位。种植土壤可能由于受工业镍镉电池、镉合金或镉红燃料生产废水污染，从而致使蔬菜成为典型的重金属镉“受害作物”。

铅是一种慢性毒物，具有蓄积性。摄入铅含量超标的食品过多或长期食用，会蓄积在体内，影响大脑和神经系统，尤其会对儿童造成智力发育障碍和表现行为异常。在《食品安全国家标准 食品中污染物限量》（GB 2762-2017）中，明确了铅在食品中的最大允许限量。食品中铅含量超标可能是生产企业对原料把关不严，使用了铅含量超标的原料，或存在污染物从生产设备和包装迁移入食品的可能。

从数据统计中可以看出，大肠菌群数超标为最主要的微生物不合格问题，占比过半，达到 74.34%。大肠菌群的来源可能是动物、水源、土壤等环境因素导致蔬菜中携带微生物。大肠菌群是国内外通用的食品污染常用指示菌之一。食品中检出大肠菌群，提示被致病菌（如沙门氏菌、志贺氏菌、致病性大肠杆菌）污染的可能性较大。大肠菌群超标可能是由于产品的加工原料、包装材料受到污染，或在生产过程中产品受人员、工作器具等生产设备、环境的污染，有灭菌工艺的产品灭菌不彻底而导致。大肠菌群超标，会引起腹泻、肠胃感染等。

动物是大多数致病细菌的最初来源，致病细菌会随动物的粪便排泄出去，而动物的粪便又是有机肥的主要原料。研究表明，许多蔬菜都可以通过施于土壤中的含菌粪肥而携带大肠杆菌 O157 和 H7 沙门氏菌。在蔬果生产过程中应加强对灌溉用水的监测。灌溉方式也会影响微生物污染率，直接作用于蔬果本身的灌溉方式其污染率要高于沟灌等方式。另外，暴雨等引起的水灾也会导致生食污水淹过的蔬果非常危险。土壤中致病细菌的来源一般是农业投入品（水、肥和种子等）和被污染的作物残骸，环境因素有时也会给土壤带来致病微生物。土壤环境、外界温度等是影响微生物在蔬果中存活的重要因素，较高的温湿度有利于致病细菌在蔬果中存活与生长。蔬菜及其制品的风险结局严重性分级详见表 2-14。

表 2-14　蔬菜及其制品风险结局严重性分级

安全指标项目		致病性	潜伏期	风险结局严重性
微生物	大肠菌群	▲▲▲	◆◆◆	3
	金黄色葡萄球菌	▲▲▲	◆◆◆◆	4
	菌落总数	▲▲	◆◆◆	3
	大肠杆菌	▲▲▲	◆◆◆	3
	沙门氏菌	▲▲▲	◆◆◆◆	4
	霉菌	▲▲	◆◆◆	3
污染物	镉（以 Cd 计）	▲▲▲▲	◆	3
	铅（以 Pb 计）	▲▲▲▲	◆	3
	总砷（以 As 计）	▲▲▲▲	◆◆◆	4
	总汞（以 Hg 计）	▲▲▲▲	◆	3
	亚硝酸盐	▲▲▲	◆	2
	铬（以 Cr 计）	▲▲▲▲	◆	3

续表

安全指标项目		致病性	潜伏期	风险结局严重性
农残	毒死蜱	▲▲▲	◆◆◆◆	4
	腐霉利	▲▲▲▲	◆◆◆◆	4
	4-氯苯氧乙酸钠	▲▲▲▲	◆◆◆◆	4
	克百威	▲▲▲▲	◆◆◆◆	4
	氧乐果	▲▲▲▲	◆◆◆◆	4
	氟虫腈	▲▲▲	◆◆◆	3
	甲拌磷	▲▲▲▲	◆◆◆◆	4
	灭蝇胺	▲▲▲	◆◆◆	3
	啶虫脒	▲▲▲	◆◆◆	3
	六六六	▲▲▲	◆◆◆	3
	氯氟氰菊酯和高效氯氟氰菊酯	▲▲▲	◆◆◆	3
	多菌灵	▲▲▲	◆◆◆	3
	氯氰菊酯和高效氯氰菊酯	▲▲▲	◆◆◆	3
	水胺硫磷	▲▲▲	◆◆◆	3
	辛硫磷	▲▲▲	◆◆◆	3
	硫丹	▲▲▲	◆◆◆	3
	甲胺磷	▲▲▲	◆◆◆	3
	阿维菌素	▲▲▲	◆◆◆	3
	氯唑磷	▲▲▲	◆◆◆	3
	6-苄基腺嘌呤	▲▲▲	◆◆◆	3
	甲基异柳磷	▲▲▲	◆◆◆	3
	乐果	▲▲▲	◆◆◆	3
	氯丹	▲▲▲	◆◆◆	3
	氯菊酯	▲▲▲	◆◆◆	3
	灭线磷	▲▲▲	◆◆◆	3
	百菌清	▲▲▲	◆◆◆	3
	代森锰锌	▲▲▲	◆◆◆	3
	倍硫磷	▲▲▲	◆◆◆	3
	灭多威	▲▲▲	◆◆◆	3

续表

安全指标项目		致病性	潜伏期	风险结局严重性
农残	久效磷	▲▲▲	◆◆◆	3
	甲氰菊酯	▲▲▲	◆◆◆	3
	滴滴涕	▲▲▲	◆◆◆	3
	敌敌畏	▲▲▲	◆◆◆	3
	甲氨基阿维菌素苯甲酸盐	▲▲▲	◆◆◆	3
	对硫磷	▲▲▲	◆◆◆	3
	二甲戊灵	▲▲▲	◆◆◆	3
	敌百虫	▲▲▲	◆◆◆	3
	苯醚甲环唑	▲▲▲	◆◆◆	3
	乙酰甲胺磷	▲▲▲	◆◆◆	3
	涕灭威	▲▲▲	◆◆◆	3
	4-氯苯氧基乙酸	▲▲▲	◆◆◆	3
	噁唑菌酮	▲▲▲	◆◆◆	3
	三唑酮	▲▲▲	◆◆◆	3
	唑虫酰胺	▲▲▲	◆◆◆	3
	马拉硫磷	▲▲▲	◆◆◆	3
	咪鲜胺	▲▲▲	◆◆◆	3
	甲基对硫磷	▲▲▲	◆◆◆	3
	杀扑磷	▲▲▲	◆◆◆	3
	联苯肼酯	▲▲▲	◆◆◆	3
添加剂	二氧化硫残留量	▲	◆	1
	苯甲酸及其钠盐（以苯甲酸计）	▲	◆	1
	防腐剂各自用量占其最大使用量比例之和	▲	◆	1
	甜蜜素（以环己基氨基磺酸计）	▲	◆	1
	糖精钠	▲	◆	1
	山梨酸及其钾盐（以山梨酸计）	▲	◆	1
	安赛蜜	▲	◆	1
	脱氢乙酸及其钠盐（以脱氢乙酸计）	▲	◆	1
	亚硫酸盐	▲	◆	1

续表

安全指标项目		致病性	潜伏期	风险结局严重性
添加剂	乙二胺四乙酸二钠钙（EDTA）	▲	◆	1
	日落黄及其铝色淀	▲	◆	1
	乙二胺四乙酸二钠	▲	◆	1
	柠檬黄及其铝色淀	▲	◆	1
	阿斯巴甜	▲	◆	1
	对羟基苯甲酸乙酯	▲	◆	1
	三氯蔗糖	▲	◆	1
	亮蓝及其铝色淀	▲	◆	1
	纽甜	▲	◆	1
	铝的残留量（干样品，以 Al 计）	▲	◆	1
	甜味剂	▲	◆	1
	胭脂红及其铝色淀	▲	◆	1
	诱惑红及其铝色淀	▲	◆	1
	β—胡萝卜素	▲	◆	1
非法添加	苏丹红 I-IV	▲▲	◆◆	2
	罗丹明 B	▲▲	◆◆	2

（三）风险评估分级

蔬菜及其制品中微生物指标除金黄色葡萄球菌综合评价为 E 级外，其余指标风险均为 H 和 M 级。食品添加剂除二氧化硫残留量、苯甲酸及其钠盐、防腐剂为 M 级外，其余均为 L 级。农药残留方面大多数集中在 H 或 M 级。其中一些农药指标：毒死蜱、腐霉利、4-氯苯氧乙酸钠、克百威、氧乐果和甲拌磷的风险结局严重性较高，达到水平 4，综合评价为极严重风险（E 级）。非法添加的两项指标，风险结局严重性为水平 2，风险发生可能性较低为 d 级，因此综合评价为低危险度等级（L 级），详见表 2-15。

表 2-15　大型活动中蔬菜及其制品的食品安全风险评估分级

指标大类	指标小类及频率	风险发生可能性	风险结局严重性	综合评价
微生物	大肠菌群	c	3	H
	金黄色葡萄球菌	c	4	E
	菌落总数	c	3	H
	大肠杆菌	d	3	M
	沙门氏菌	d	4	H
	霉菌	d	3	M
污染物	镉（以 Cd 计）	b	3	H
	铅（以 Pb 计）	c	3	H
	总砷（以 As 计）	c	4	E
	总汞（以 Hg 计）	c	3	H
	亚硝酸盐	c	2	M
	铬（以 Cr 计）	d	3	M
农残	毒死蜱	b	4	E
	腐霉利	b	4	E
	4-氯苯氧乙酸钠	b	4	E
	克百威	b	4	E
	氧乐果	b	4	E
	氟虫腈	c	3	H
	甲拌磷	c	4	E
	灭蝇胺	c	3	H
	啶虫脒	c	3	H
	六六六	c	3	H
	氯氟氰菊酯和高效氯氟氰菊酯	c	3	H
	多菌灵	c	3	H
	氯氰菊酯和高效氯氰菊酯	c	3	H
	水胺硫磷	c	3	H
	辛硫磷	c	3	H
	硫丹	c	3	H
	甲胺磷	c	3	H

续表

指标大类	指标小类及频率	风险发生可能性	风险结局严重性	综合评价
农残	阿维菌素	c	3	H
	氯唑磷	c	3	H
	6-苄基腺嘌呤	c	3	H
	甲基异柳磷	c	3	H
	乐果	c	3	H
	氯丹	c	3	H
	氯菊酯	c	3	H
	灭线磷	d	3	M
	百菌清	d	3	M
	代森锰锌	d	3	M
	倍硫磷	d	3	M
	灭多威	d	3	M
	久效磷	d	3	M
	甲氰菊酯	d	3	M
	滴滴涕	d	3	M
	敌敌畏	d	3	M
	甲氨基阿维菌素苯甲酸盐	d	3	M
	对硫磷	d	3	M
	二甲戊灵	d	3	M
	敌百虫	d	3	M
	苯醚甲环唑	d	3	M
	乙酰甲胺磷	d	3	M
	涕灭威	d	3	M
	4-氯苯氧基乙酸	d	3	M
	噁唑菌酮	d	3	M
	三唑酮	d	3	M
	唑虫酰胺	d	3	M
	马拉硫磷	d	3	M
	咪鲜胺	d	3	M

续表

指标大类	指标小类及频率	风险发生可能性	风险结局严重性	综合评价
农残	甲基对硫磷	d	3	M
	杀扑磷	d	3	M
	联苯肼酯	d	3	M
添加剂	二氧化硫残留量	b	1	M
	苯甲酸及其钠盐（以苯甲酸计）	b	1	M
	防腐剂各自用量占其最大使用量比例之和	b	1	M
	甜蜜素（以环已基氨基磺酸计）	c	1	L
	糖精钠	c	1	L
	山梨酸及其钾盐（以山梨酸计）	c	1	L
	安赛蜜	c	1	L
	脱氢乙酸及其钠盐（以脱氢乙酸计）	c	1	L
	亚硫酸盐	c	1	L
	乙二胺四乙酸二钠钙（EDTA）	c	1	L
	日落黄及其铝色淀	c	1	L
	乙二胺四乙酸二钠	c	1	L
	柠檬黄及其铝色淀	c	1	L
	阿斯巴甜	c	1	L
	对羟基苯甲酸乙酯	d	1	L
	三氯蔗糖	d	1	L
	亮蓝及其铝色淀	d	1	L
	纽甜	d	1	L
	铝的残留量（干样品，以 Al 计）	d	1	L
	甜味剂	d	1	L
	胭脂红及其铝色淀	d	1	L
	诱惑红及其铝色淀	d	1	L
	β—胡萝卜素	d	1	L
非法添加	苏丹红 I-IV	d	2	L
	罗丹明 B	d	2	L

（四）相关保障政策及改进措施

建立更完善的监管体系是实现蔬菜安全的基本保障。首先，要制定合理的监管体系，以乡镇为单位组建监管队伍。从蔬菜播种开始，至蔬菜到达消费者手中，每一个环节都要对蔬菜产品进行品质监督，形成更完善的监管体系。其次，监管体系离不开政府的正确引导。政府不仅要出台相关政策引导蔬菜产业健康发展，还要充分发挥其主观能动性，通过生产监管、销售监管等方式实现全面监管。同时，一旦蔬菜产品出现安全问题，必须及时、严格、精准地进行追责。最后，企业内部也要形成自查体系，利用相关法律法规、标准的约束和市场需求的引导，确保更多相关企业提高自律能力，减少出现蔬菜安全问题的风险。想要实现蔬菜安全，就必须建立更完善的标准体系和监管体制。

加强源头监管，严格规范农药投入的生产和经营行为。食用农产品的主要问题为农兽药残留超标，且多为源头带入。建议相关部门贯彻落实《农药管理条例》以及配套规章，多方入手，加强源头投入品的监管，加大行政执法力度。一方面，加强对农兽药生产厂家的监管，切实保证农兽药产品本身的质量；严禁生产假劣农药，强化农药标签监管。另一方面，加强对农兽药经营者的监管。

六、茶叶及其相关制品的食品安全风险评估及分级

（一）风险发生可能性分析

风险发生可能性通过各类产品和指标项目的不合格频率综合评价分级。2015—2019 年，全国茶叶及其相关制品抽检数据为 81761 批次，整体不合格 708 批次，与其他各类食品相比不合格率较低（不合格率为 0.87%），风险等级为低度（★★）。

主要不合格指标为食品添加剂、农药和污染物，详见表 2-16。其中，食品添加剂的二氧化硫残留量指标风险极高（●●●●●）。这是由于二氧化硫超标的对象一般为药食两用的代用茶，使用硫黄熏蒸是一些中药材产地粗加工过程中的惯用方法，目的在于防霉、防腐和干燥等。代用茶如八宝茶、玉竹薏苡仁茶、口苦口臭茶等，主要原料是中药饮片，二氧化硫容易超标，需要重点监

测。然而，茶叶加工过程中没有硫黄熏蒸的环节。因此，茶叶中一般不会检测出二氧化硫①，其综合风险发生可能性为 b 级。日落黄及其铝色淀指标风险较高（●●●●），综合风险发生可能性为 c 级。农药的滥用会使其逐渐积累在茶叶内，并且降解速度慢，易导致茶叶农药残留超标。因此，三氯杀螨醇指标风险极高（●●●●●），综合风险发生可能性为 b 级。草甘膦、氰戊菊酯和 S-氰戊菊酯指标风险较高（●●●●），综合风险发生可能性为 c 级。由于茶叶对重金属的蓄积性较强，随着水体、土壤中铅污染的加剧，加之汽车尾气、空气沉降以及外源性施肥等因素引入的铅，使茶叶中铅的含量有逐年增加的趋势。同时，茶叶在生产加工过程中均有可能受到不同程度重金属污染。② 因此，污染物中的铅指标风险较高（●●●●），综合风险发生可能性为 c 级。整体上，微生物风险发生概率较低。

表 2-16　茶叶及其相关制品风险发生可能性分级

产品及风险等级	安全指标项目		指标风险等级	风险发生可能性
茶叶及其相关制品★★	污染物	铅（以 Pb 计）	●●●●	c
		镉（以 Cd 计）	●●	d
	微生物	大肠菌群	●●●	c
		菌落总数	●●	d
		霉菌	●●	d
	食品添加剂	二氧化硫残留量	●●●●●	b
		日落黄及其铝色淀	●●●●	c
		柠檬黄及其铝色淀	●●●	c
		胭脂红及其铝色淀	●●●	c
		亚硫酸盐	●●	d
		甜蜜素（以环己基氨基磺酸计）	●●	d
		安赛蜜	●●	d
		苋菜红及其铝色淀	●●	d
		亮蓝及其铝色淀	●●	d

① 陈瑞鸿：《2015 年上半年我国茶及其相关制品质量安全监督概况与不合格项目研究》，载《中国茶叶加工》2015 年第 5 期，第 14~19 页。

② 姚奋增、高海荣、刘晨等：《茶叶中铝、铅、砷、汞、铬、镉含量的分析及危害评价》，载《食品安全质量检测学报》2021 年第 12 卷第 1 期，第 291~297 页。

续表

产品及风险等级	安全指标项目		指标风险等级	风险发生可能性
茶叶及其相关制品★★	农药	三氯杀螨醇	●●●●●	b
		草甘膦	●●●●	c
		氰戊菊酯和S-氰戊菊酯	●●●●	c
		水胺硫磷	●●●	c
		联苯菊酯	●●	d
		灭多威	●●	d
		氧乐果	●●	d
		克百威	●●	d
		甲胺磷	●●	d
		吡虫啉	●●	d
		乙酰甲胺磷	●●	d
		甲拌磷	●●	d
		滴滴涕	●●	d
		氯氰菊酯和高效氯氰菊酯	●●	d
		敌敌畏	●●	d

（二）风险结局严重性分析

食品安全风险结局的严重性主要通过污染物、微生物、食品添加剂、生物毒素等安全指标的致病性和潜伏期特点进行评价，详见表2-17。

随着社会的快速发展，环境中镉含量大幅增加，各类食品中铅污染风险也随之增加。[①] 重金属镉对生物神经系统具有一定毒性，且在生物体内半衰期较长。在体内蓄积过多会造成神经系统损伤，致病性一般为中度（▲▲▲），潜伏期极长（◆），整体评估其风险结局严重性为水平2。

在茶叶的采摘过程中，自然环境以及人工操作均会导致微生物污染指标不合格率增加，主要是由于种植过程中引入的微生物污染、人所携带的各种病菌以及茶叶装运器具不干净。在茶叶萎凋、发酵过程中的温度、湿度都有利于微生物的

① 杨婉秋、杨冲、段晓艳：《云南茶叶中铅含量的调查及检测分析》，载《昆明学院学报》2018年第40卷第3期，第32~36页。

大量繁殖，而在茶叶制作的烘干、杀青和复火等过程，高温和茶叶较低的水分活度可以在一定程度上有效杀灭和抑制微生物生长。菌落总数和霉菌的污染主要是在茶叶初制加工的发酵阶段，在一定程度上会影响茶叶的品质。而微生物指标超标往往会引起呕吐、腹泻、肠胃感染等，致病性一般为中度（▲▲▲），并且具有潜伏期短的特点（◆◆◆），整体评价其风险结局严重性为水平 3。

我国茶叶种植分散，按地理位置可分为高山茶、低山茶、平原或丘陵茶。茶树的生长环境决定了茶叶只能出产在偏远的地方，我国很多县乡地区的不法农药经销商暗中贩运、贩卖禁用农药给茶农和茶园。茶园、茶农使用国家明令禁用的高毒、高残留农药，如氰戊菊酯、硫丹、灭多威和滴滴涕等。除少量茶园实行统一管理之外，大部分茶叶企业、茶园都是以茶农承包的形式分散经营管理的。偏远地区的茶农大多是中老年人，缺乏科学用药的常识和知识，也不懂经营管理，思想守旧落后，凭个人感觉和习惯，导致农药残留超标。也有很多长期使用一种单一的农药，导致病虫产生抗药性。由于缺乏科学用药常识，这些茶农就会盲目加大用药剂量以达到除病害的目的，结果导致病虫害没除掉、农残也超标的恶性循环。还有些茶农不了解茶园病虫的实际情况，也分不清什么季节应防治哪些病虫害，用药之前不看用药说明，在用药时把多种农药混合使用，这不仅导致农药浪费、成本增加，还导致农药积累、降解慢、茶叶农药残留超标等。很多茶农、茶园在茶叶采摘之前为保障茶叶不受病虫危害都会施一次药，然而农药的安全间隔期还没到、农药还没有来得及降解，茶叶新梢长出来就被采摘进行加工了，这样也会导致茶叶的农药高残留。我国的茶园基本上都是人工管理、人工施药、人工施肥、人工采摘、人工制作茶叶。施药工具一直以来传统落后，普遍采用的是手动喷雾施药。“跑、冒、滴、漏”现象严重，导致农药的用量增加，农药积累，农残超标。一般来说，农药残留对人体健康带来危害主要通过两个途径：一是生物的浓缩，二是水果蔬菜的残留。根据专家的观察和研究，对于一些长期接触农药的工作人员，尤其是在有机磷生产过程中的各个环节，从生产到包装，再到农药的搬运、喷洒，都极有可能出现农药中毒现象。另外，农药还可以通过皮肤或者呼吸道在人体内进行残留，对人体的神经系统以及其他器官造成危害，诱发各种急性或者慢性中毒。农药残留给人体带来的危害主要表现为三个方面，即急性中毒、亚急性中毒和慢性中毒。[①] 三氯杀螨醇、草甘膦、氰戊菊酯和 S-氰戊菊酯、水胺硫磷等

① 凌甜：《我国茶叶质量安全现状与控制对策分析》，湖南农业大学 2014 年硕士学位论文。

农药的致病性为中度（▲▲▲），并且具有潜伏期短的特点（◆◆◆），整体评估其风险结局严重性为水平 3，具有较高风险。

表 2-17　茶叶及其相关制品风险结局严重性分级

安全指标项目		致病性	潜伏期	风险结局严重性
污染物	铅（以 Pb 计）	▲	◆	2
	镉（以 Cd 计）	▲▲▲	◆	2
微生物	大肠菌群	▲▲▲	◆◆◆	3
	菌落总数	▲▲▲	◆◆◆	3
	霉菌	▲▲▲	◆◆◆	3
食品添加剂	二氧化硫残留量	▲	◆	1
	日落黄及其铝色淀	▲	◆	1
	柠檬黄及其铝色淀	▲	◆	1
	胭脂红及其铝色淀	▲	◆	1
	亚硫酸盐	▲	◆	1
	甜蜜素（以环己基氨基磺酸计）	▲	◆	1
	安赛蜜	▲	◆	1
	苋菜红及其铝色淀	▲	◆	1
	亮蓝及其铝色淀	▲	◆	1
农药	三氯杀螨醇	▲▲▲	◆◆◆	3
	草甘膦	▲▲▲	◆◆◆	3
	氰戊菊酯和 S-氰戊菊酯	▲▲▲	◆◆◆	3
	水胺硫磷	▲▲▲	◆◆◆	3
	联苯菊酯	▲▲▲	◆◆◆	3
	灭多威	▲▲▲	◆◆◆	3
	氧乐果	▲▲▲	◆◆◆	3
	克百威	▲▲▲	◆◆◆	3
	甲胺磷	▲▲▲	◆◆◆	3
	吡虫啉	▲▲▲	◆◆◆	3
	乙酰甲胺磷	▲▲▲	◆◆◆	3

续表

安全指标项目		致病性	潜伏期	风险结局严重性
农药	甲拌磷	▲▲▲	◆◆◆	3
	滴滴涕	▲▲▲	◆◆◆	3
	氯氰菊酯和高效氯氰菊酯	▲▲▲	◆◆◆	3
	敌敌畏	▲▲▲	◆◆◆	3

（三）风险评估分级

大型活动中茶叶及其相关制品的食品安全风险评估分级详见表2-18。茶叶及其相关制品中农药指标风险较高，其中三氯杀螨醇发生风险可能性很高（b级），风险结局严重性为水平3。草甘膦、氰戊菊酯、S-氰戊菊酯和水胺硫磷发生风险可能性较高（c级），风险结局严重性为水平3，综合评价为高度风险（H级）。联苯菊酯、灭多威、氧乐果、克百威、甲胺磷、吡虫啉、乙酰甲胺磷、甲拌磷、滴滴涕、氯氰菊酯、高效氯氰菊酯和敌敌畏的风险发生可能性较低（d级），由于风险结局严重性较高（3级），因此综合评价为中度风险（M级）。

微生物指标中大肠菌群的风险发生可能性较高（c级），菌落总数和霉菌指标的风险发生可能性较低（d级）。微生物超标往往会引起呕吐、腹泻、肠胃感染等症状，因此其风险结局严重性较高（3级），综合评价分别达到高度风险（H级）和中度风险（M级）。

二氧化硫残留量的风险发生可能性很高（b级），风险结局严重性很低，为水平1；铅的风险发生可能性较高（c级），风险结局严重性较低，为水平2，因此上述两种指标综合评价均为中等危险度风险（M级）。

其余污染物和食品添加剂指标均为低风险度（L级）。

表2-18　大型活动中茶叶及其制品的食品安全风险评估分级

指标项目		风险发生可能性	风险结局严重性	综合评价
污染物	铅（以Pb计）	c	2	M
	镉（以Cd计）	d	2	L

续表

指标项目		风险发生可能性	风险结局严重性	综合评价
微生物	大肠菌群	c	3	H
	菌落总数	d	3	M
	霉菌	d	3	M
食品添加剂	二氧化硫残留量	b	1	M
	日落黄及其铝色淀	c	1	L
	柠檬黄及其铝色淀	c	1	L
	胭脂红及其铝色淀	c	1	L
	亚硫酸盐	d	1	L
	甜蜜素（以环己基氨基磺酸计）	d	1	L
	安赛蜜	d	1	L
	苋菜红及其铝色淀	d	1	L
	亮蓝及其铝色淀	d	1	L
农药	三氯杀螨醇	b	3	H
	草甘膦	c	3	H
	氰戊菊酯和 S-氰戊菊酯	c	3	H
	水胺硫磷	c	3	H
	联苯菊酯	d	3	M
	灭多威	d	3	M
	氧乐果	d	3	M
	克百威	d	3	M
	甲胺磷	d	3	M
	吡虫啉	d	3	M
	乙酰甲胺磷	d	3	M
	甲拌磷	d	3	M
	滴滴涕	d	3	M
	氯氰菊酯和高效氯氰菊酯	d	3	M
	敌敌畏	d	3	M

（四）相关保障政策及改进措施

茶叶及其相关制品与食用油、油脂及其相关制品、肉制品等数据相比，不合格数量较少，不合格率较低。但是，非法添加等安全隐患依然存在，导致不合格率依然较高。这需要我国大力监管，进一步减少不合格项目。数据分析中指出不合格率偏高的地方，国家相关部门应着重关注监测和市场预警。禁用除草剂，少用杀虫剂。对于地方监管部门核实为假冒产品的，应加大监管、惩戒力度。同时，鼓励举报假冒伪劣产品，为人们饮用健康的茶叶提供保障。① 此外，监管部门还应加大日常检查和监督抽查力度，对不符合要求的产品和存在的问题要求企业及时整改，从根本上解决企业存在的食品安全问题。

① 王永真、王钰、卢作焜等：《基于大数据的茶叶安全风险预警分析》，载《许昌学院学报》2018年第37卷第12期，第61~63页。

第三章 农产养殖类食品安全风险评估及分级

一、肉及肉制品的食品安全风险评估及分级

（一）风险发生可能性分析

风险发生可能性通过各类产品和指标项目的不合格频率综合评价分级。2015—2019 年肉及肉制品的抽检数据有 333489 批次，其中不合格 4382 批次，不合格率为 1.31%，处于中度风险水平（★★★）。

总体分析不合格指标主要集中在微生物指标，全部肉制品共抽检出 1824 批次微生物指标不合格。菌落总数超标问题是导致微生物指标不合格的最主要原因，其中涉及 1461 批次肉制品，占微生物总体不合格样品的 80.41%。菌落总数的风险发生可能性为 a 级，指标风险等级极高（●●●●●）。菌落总数超标的主要原因可能来源于以下三个方面：（1）空气中的微生物随着灰尘、飞沫的飞扬或沉降，附着在肉品上使之污染，因此保证加工过程的安全成为控制肉制品安全的首要环节。（2）肉制品中的香辛料是加工过程中不可缺少的调料，但天然香辛料大部分来自植物的根、茎、叶、花和果，往往附带着微生物，因此需严格控制香辛料包装及储存条件。（3）操作人员的二次污染，会导致外源性污染。

其次是大肠菌群的风险发生可能性为 b 级，指标风险等级较高（●●●●）。商业无菌、金黄色葡萄球菌、李斯特菌、沙门氏菌、霉菌指标的风险等级较低或极低，风险发生可能性为 c 级和 d 级。肉制品包括即食肉制品，即食肉制品不需要二次热加工，是人们日常的主要消费品。然而，它们在制作和销售过程中由于环境、加工、储藏及销售等因素的影响，很容易被食源性致病菌污染。

因此，即食肉制品是导致我国食源性疾病暴发的主要食品种类之一。[①] 肉类食品企业以及加工工厂需要加强对肉制品中微生物的控制。熟肉制品和即食生调制肉制品中致病微生物较多，主要风险包括李斯特菌、金黄色葡萄球菌、商业无菌和沙门氏菌等。李斯特菌、金黄色葡萄球菌等致病菌通常在一般烹煮温度下可被杀死，但在冷藏温度下仍然可缓慢生长。

肉及肉制品涉及的禁用兽药及兽药超标问题种类较多，主要涉及的非法添加类兽药残留项包括克伦特罗、磺胺类、氯霉素和恩诺沙星的风险等级均为高度（●●●●），风险发生可能性为 b 级。

污染物中亚硝酸盐指标风险等级为高度（●●●●），这也是肉类食品中最常见的污染物之一，风险发生可能性为 b 级。食品添加剂问题中防腐类添加剂问题较为严重，其中山梨酸及其钾盐指标风险为高度（●●●●），风险发生可能性为 b 级，这类问题需要进一步重视，详见表 3-1。

表 3-1　肉及肉制品风险发生可能性分级

产品及风险等级	安全指标项目		指标风险等级	风险发生可能性
肉及肉制品★★★	微生物	菌落总数	●●●●●	a
		大肠菌群	●●●●	b
		商业无菌	●●	c
		金黄色葡萄球菌	●●	c
		李斯特菌	●●	c
		沙门氏菌	●●	c
		霉菌	●	d
	污染物	亚硝酸盐	●●●●	b
		铅（以 Pb 计）	●●	c
		镉（以 Cd 计）	●●	c
		总砷（以 As 计）	●●	c
		铬（以 Cr 计）	●●	c
		苯并［a］芘	●●	c

① 姬瑞、曹慧、徐斐等：《即食熟肉制品中主要致病菌的风险排序》，载《食品科学》2015 年第 36 卷第 11 期，第 197~201 页。

续表

产品及风险等级	安全指标项目		指标风险等级	风险发生可能性
肉及肉制品★★★	污染物	总汞（以 Hg 计）	●●	c
		N-二甲基亚硝胺	●	d
	兽残	克伦特罗	●●●●	b
		磺胺类（总量）	●●●●	b
		氯霉素	●●●●	b
		恩诺沙星（以恩诺沙星与环丙沙星之和计）	●●●●	b
		呋喃唑酮代谢物	●●●	c
		氧氟沙星	●●●	c
		五氯酚酸钠	●●●	c
		莱克多巴胺	●●●	c
		土霉素	●●●	c
		强力霉素	●●	c
		沙丁胺醇	●●	c
		尼卡巴嗪	●●	c
		呋喃西林代谢物	●●	c
		地塞米松	●●	c
		金刚烷胺	●●	c
		氟苯尼考	●●	c
		氯丙嗪	●●	c
		呋喃它酮代谢物	●●	c
		替米考星	●●	c
		金霉素	●●	c
		培氟沙星	●●	c
		沙拉沙星	●●	c
		四环素类	●●	c
		甲硝唑	●	d
		喹乙醇	●	d
		林可霉素	●	d
		诺氟沙星	●	d

续表

产品及风险等级	安全指标项目		指标风险等级	风险发生可能性
肉及肉制品★★★	兽残	呋喃妥因代谢物	●	d
		西马特罗	●	d
		特布他林	●	d
		磺胺喹沙啉（磺胺喹恶啉）	●	d
	农残	克百威	●	d
		水胺硫磷	●	d
		硼砂	●	d
		酸性橙Ⅱ	●	d
	添加剂	山梨酸及其钾盐（以山梨酸计）	●●●●	b
		防腐剂各自用量占其最大使用量比例之和	●●●	c
		苯甲酸及其钠盐（以苯甲酸计）	●●●	c
		胭脂红及其铝色淀	●●●	c
		亚硝酸盐	●●	c
		日落黄及其铝色淀	●●	c
		脱氢乙酸及其钠盐（以脱氢乙酸计）	●●	c
		柠檬黄及其铝色淀	●●	c
		诱惑红及其铝色淀	●●	c
		糖精钠	●●	c
		苋菜红及其铝色淀	●●	c
		甜蜜素（以环已基氨基磺酸计）	●	d
		安赛蜜	●	d
		双乙酸钠（二醋酸钠）	●	d
		铝的残留量（干样品，以 Al 计）	●	d

（二）风险结局严重性分析

从不合格的项目类型看，不合格项目主要以微生物问题最为严重，其次是兽药残留问题。除了以上两大类的主要风险外，还存在食品添加剂违规使用，而食品添加剂不合格主要为山梨酸及其钾盐超标使用。

食品安全风险结局的严重性主要通过风险指标的致病性和潜伏期特点进行评价，详见表 3-2。肉制品中不合格的微生物指标主要有金黄色葡萄球菌、李斯特菌和沙门氏菌。其中，金黄色葡萄球菌属于微球菌科葡萄球菌属，其分泌的肠毒素是一种碱性蛋白质，在一般高温下很难消除。引起的食源性疾病病程短，具有病情严重（▲▲▲）、发病快（◆◆◆◆）等特点，综合评价风险结局严重性为水平 4。沙门氏菌是一类杆状、无芽孢的革兰氏阴性菌。所有人群普遍易感，通常症状为急性肠炎，致病性强（▲▲▲），发病快（◆◆◆◆），综合评价风险结局严重性为水平 4。

兽药残留属于肉及肉制品中比较严重的超标问题，在养殖过程中使用的恩诺沙星、氧氟沙星等兽药能够治疗肠炎等疾病[①]，非法或不合理使用会造成兽药在肉制品残留超标。[②] 克伦特罗的致病性为中度，潜伏期较长，综合评价风险结局严重性为水平 3。土霉素、地塞米松及磺胺类药物是畜禽肉兽药残留的主要成分。用于食用的农产品中农兽药残留超标及禁用兽药问题主要是由于种植、养殖环节甚至流通环节为促进动物生长、提高饲料转化率而违规滥用或故意添加化学类药物。呋喃唑酮代谢物、氯霉素、呋喃西林代谢物、氧氟沙星、恩诺沙星等兽药的致病性较弱，潜伏期较长，综合评价其食品安全风险结局的严重性为水平 2。

表 3-2 肉及肉制品风险结局严重性分级

安全指标项目		致病性	潜伏期	风险结局严重性
微生物	菌落总数	▲▲	◆◆◆	3
	大肠菌群	▲▲▲	◆◆◆	3
	商业无菌	▲▲▲	◆◆◆	3
	金黄色葡萄球菌	▲▲▲	◆◆◆◆	4
	李斯特菌	▲▲▲	◆◆◆	3

① 罗钦、吴建衍、潘葳：《3 种养殖淡水鱼重金属含量测定及健康风险评价》，载《食品安全质量检测学报》2020 年第 11 卷第 18 期，第 6568~6574 页。

② Mathieu Valcke, Marie-Hélène Bourgault, Louis Rochette, et al. Human health risk assessment on the consumption of fruits and vegetables containing residual pesticides: A cancer and non-cancer risk/benefit perspective. Environ Int, 2017, 108 (108): 63-74.

续表

安全指标项目		致病性	潜伏期	风险结局严重性
微生物	沙门氏菌	▲▲▲	◆◆◆◆	4
	霉菌	▲▲	◆◆◆	3
污染物	亚硝酸盐	▲▲▲	◆◆◆	3
	铅（以 Pb 计）	▲▲▲▲	◆	3
	镉（以 Cd 计）	▲▲▲▲	◆	3
	总砷（以 As 计）	▲▲▲▲	◆◆◆	4
	铬（以 Cr 计）	▲▲▲▲	◆	3
	苯并［a］芘	▲▲▲▲▲	◆	3
	总汞（以 Hg 计）	▲▲▲	◆	3
	N-二甲基亚硝胺	▲▲▲	◆	3
兽残	克伦特罗	▲▲▲	◆◆	3
	磺胺类（总量）	▲▲	◆◆	2
	氯霉素	▲▲	◆◆	2
	恩诺沙星（以恩诺沙星与环丙沙星之和计）	▲▲	◆◆	2
	呋喃唑酮代谢物	▲▲	◆◆	2
	氧氟沙星	▲▲	◆◆	2
	五氯酚酸钠	▲▲	◆◆	2
	莱克多巴胺	▲▲	◆◆	2
	土霉素	▲▲	◆◆	2
	强力霉素	▲▲	◆◆	2
	沙丁胺醇	▲▲	◆◆	2
	尼卡巴嗪	▲▲	◆◆	2
	呋喃西林代谢物	▲▲	◆◆	2
	地塞米松	▲▲	◆◆	2
	金刚烷胺	▲▲	◆◆	2
	氟苯尼考	▲▲	◆◆	2
	氯丙嗪	▲▲	◆◆	2
	呋喃它酮代谢物	▲▲	◆◆	2
	替米考星	▲▲	◆◆	2

续表

安全指标项目		致病性	潜伏期	风险结局严重性
兽残	金霉素	▲▲	◆◆	2
	培氟沙星	▲▲	◆◆	2
	沙拉沙星	▲▲	◆◆	2
	四环素类	▲▲	◆◆	2
	甲硝唑	▲▲	◆◆	2
	喹乙醇	▲▲	◆◆	2
	林可霉素	▲▲	◆◆	2
	诺氟沙星	▲▲	◆◆	2
	呋喃妥因代谢物	▲▲	◆◆	2
	西马特罗	▲▲	◆◆	2
	特布他林	▲▲	◆◆	2
	磺胺喹沙啉（磺胺喹恶啉）	▲▲	◆◆	2
农残	克百威	▲▲▲▲	◆◆◆	4
	水胺硫磷	▲▲▲	◆◆◆	1
	硼砂	▲▲	◆◆	1
	酸性橙Ⅱ	▲▲	◆◆	1
添加剂	山梨酸及其钾盐（以山梨酸计）	▲	◆	1
	防腐剂各自用量占其最大使用量比例之和	▲	◆	1
	苯甲酸及其钠盐（以苯甲酸计）	▲	◆	1
	胭脂红及其铝色淀	▲	◆	1
	亚硝酸盐	▲	◆	1
	日落黄及其铝色淀	▲	◆	1
	脱氢乙酸及其钠盐（以脱氢乙酸计）	▲	◆	1
	柠檬黄及其铝色淀	▲	◆	1
	诱惑红及其铝色淀	▲	◆	1
	糖精钠	▲	◆	1
	苋菜红及其铝色淀	▲	◆	1
	甜蜜素（以环己基氨基磺酸计）	▲	◆	3
	安赛蜜	▲	◆	3

续表

安全指标项目		致病性	潜伏期	风险结局严重性
添加剂	双乙酸钠（二醋酸钠）	▲	◆	2
	铝的残留量（干样品，以 Al 计）	▲	◆	2

（三）风险评估分级

肉及肉制品不合格指标较多，包含微生物、污染物、兽残、农残等五大类指标。微生物指标中菌落总数的风险发生可能性为 a 级，风险结局严重性为水平 3。金黄色葡萄球菌和沙门氏菌的风险结局严重性均为水平 4，综合评价均为 E 级，为极严重风险。其余微生物指标为高危险度风险（H 级）和中等危险度风险（M 级）。污染物指标中总砷的风险结局严重性为水平 4，综合评价为 E 级。铅、镉、亚硝酸盐、铬、苯并［a］芘、总汞综合评价为高危险度风险（H 级），N-二甲基亚硝胺综合评价为 M 级。兽药残留指标中克伦特罗、磺胺类、氯霉素、恩诺沙星为高危险度风险（H 级），其余兽药残留指标均为 M 级、L 级。食品添加剂指标中甜蜜素和安赛蜜综合评价为 M 级，其余食品添加剂指标和农药残留指标仅有克百威综合评价为 H 级，其余均为 L 级。

表 3-3　大型活动中肉及肉制品的食品安全风险评估分级

安全指标项目		风险发生可能性	风险结局严重性	综合评价
微生物	菌落总数	a	3	E
	大肠菌群	b	3	H
	商业无菌	c	3	H
	金黄色葡萄球菌	c	4	E
	李斯特菌	c	3	H
	沙门氏菌	c	4	E
	霉菌	d	3	M
污染物	亚硝酸盐	b	2	H
	铅（以 Pb 计）	c	3	H
	镉（以 Cd 计）	c	3	H

续表

安全指标项目		风险发生可能性	风险结局严重性	综合评价
污染物	总砷（以 As 计）	c	4	E
	铬（以 Cr 计）	c	3	H
	苯并［a］芘	c	3	H
	总汞（以 Hg 计）	c	3	H
	N-二甲基亚硝胺	d	3	M
兽残	克伦特罗	b	3	H
	磺胺类（总量）	b	2	H
	氯霉素	b	2	H
	恩诺沙星（以恩诺沙星与环丙沙星之和计）	b	2	H
	呋喃唑酮代谢物	c	2	M
	氧氟沙星	c	2	M
	五氯酚酸钠	c	2	M
	莱克多巴胺	c	2	M
	土霉素	c	2	M
	强力霉素	c	2	M
	沙丁胺醇	c	2	M
	尼卡巴嗪	c	2	M
	呋喃西林代谢物	c	2	M
	地塞米松	c	2	M
	金刚烷胺	c	2	M
	氟苯尼考	c	2	M
	氯丙嗪	c	2	M
	呋喃它酮代谢物	c	2	M
	替米考星	c	2	M
	金霉素	c	2	M
	培氟沙星	c	2	M
	沙拉沙星	c	2	M
	四环素类	c	2	M
	甲硝唑	d	2	L

续表

安全指标项目		风险发生可能性	风险结局严重性	综合评价
兽残	喹乙醇	d	2	L
	林可霉素	d	2	L
	诺氟沙星	d	2	L
	呋喃妥因代谢物	d	2	L
	西马特罗	d	2	L
	特布他林	d	2	L
	磺胺喹沙啉（磺胺喹恶啉）	d	2	L
农残	克百威	d	4	H
	水胺硫磷	d	1	L
	硼砂	d	1	L
	酸性橙Ⅱ	d	1	L
添加剂	山梨酸及其钾盐（以山梨酸计）	b	1	L
	防腐剂各自用量占其最大使用量比例之和	c	1	L
	苯甲酸及其钠盐（以苯甲酸计）	c	1	L
	胭脂红及其铝色淀	c	1	L
	亚硝酸盐	c	1	L
	日落黄及其铝色淀	c	1	L
	脱氢乙酸及其钠盐（以脱氢乙酸计）	c	1	L
	柠檬黄及其铝色淀	c	1	L
	诱惑红及其铝色淀	c	1	L
	糖精钠	c	1	L
	苋菜红及其铝色淀	c	1	L
	甜蜜素（以环己基氨基磺酸计）	d	3	M
	安赛蜜	d	3	M
	双乙酸钠（二醋酸钠）	d	2	L
	铝的残留量（干样品，以 Al 计）	d	2	L

（四）相关保障政策措施

总体来说，肉制品中微生物污染最为突出。微生物污染程度是反映肉制品卫生质量的重要指标之一，其中酱卤肉制品和熟肉干制品的菌落总数超标较为严重。为延长食品保质期限，生产企业可能在酱卤肉制品、腌腊肉制品等肉制品中违规使用食品添加剂，会导致肉制品出现食品添加剂不合格问题。生产企业对相关标准了解较少，对各工序的流程控制不严格，还会导致酱卤肉制品、腌腊肉制品出现质量指标不合格问题。防止肉制品由微生物引起的腐败，增加其安全性，减少肉制品因污染引起的浪费是肉制品加工企业必须解决的关键问题。酱卤肉制品是熟肉制品，不适于储藏，酱卤肉制品的菌落总数超标是国家重点关注和监测的对象之一。因此，针对肉制品，建议重点采取以下措施防范微生物污染：（1）加强对运输、储存和销售等环节的管理，落实消毒灭菌措施。（2）加工和储存食物生熟分开，不混用刀和砧板等工具，避免交叉污染。（3）食物要烧熟煮透。

二、蛋及蛋制品的食品安全风险评估及分级

（一）风险发生可能性分析

从2015—2019年的抽检数据来看，整体不合格率较低，风险等级为中度（★★★）。不合格的主要原因有兽药、污染物、添加剂等问题，兽药是导致蛋及蛋制品不合格的最主要原因。兽药方面，其中氟苯尼考、恩诺沙星、氧氟沙星和环丙沙星的指标风险极高（●●●●●）或较高（●●●●），综合风险发生可能性均为b级。其余的兽药残留指标风险等级较低，综合风险发生可能性为c级。农业农村部第235号公告对动物性食品中兽药最高残留限量有注释，由四部分组成，即a. 农业农村部批准使用，按相关规定可用于食品动物，不需要制定最高残留限量的兽药；b. 农业农村部批准使用，按相关规定可用于食品动物，需要制定最高残留限量的兽药；c. 农业农村部批准使用，按相关规定可用于食品动物，但不得检出有残留的兽药；d. 农业农村部明文规定禁止用于所有食品动物的兽药。按照上述注释，将在动物性食品中不得检出的兽药归为禁用兽药。涉及的禁用兽药项目包括氟苯尼考、恩诺沙星（以恩诺沙星和环丙

沙星之和计)、氯霉素和氧氟沙星等 12 个项目。农业农村部第 235 号公告规定了氟苯尼考在家禽产蛋中禁用，恩诺沙星在产蛋鸡中禁用，因此统计时将氟苯尼考和恩诺沙星列为鸡蛋的禁用兽药。

污染物方面铅含量，指标风险较高（●●●●），综合风险发生可能性为 b 级。微生物方面，菌落总数指标风险等级为较高（●●●●）。其余的微生物指标，食品添加剂方面的山梨酸及其钾盐、苯甲酸及其钠盐以及农药残留氟虫腈指标风险发生可能性均为 c 级，详见表 3-4。

表 3-4　蛋及蛋制品的风险发生可能性分级

产品及风险级别	安全指标项目		指标风险等级	风险发生可能性
蛋及蛋制品★★★	农药	氟虫腈	●●	c
	食品添加剂	山梨酸及其钾盐（以山梨酸计）	●●●	c
		苯甲酸及其钠盐（以苯甲酸计）	●●●	c
	兽药	氟苯尼考	●●●●●	b
		恩诺沙星（以恩诺沙星与环丙沙星之和计）	●●●●●	b
		氧氟沙星	●●●●	b
		环丙沙星（CIP）	●●●●	b
		金刚烷胺	●●●	c
		甲砜霉素	●●	c
		强力霉素	●●	c
		氟喹诺酮类	●●	c
		甲硝唑	●●	c
		呋喃唑酮代谢物	●●	c
		氯霉素	●●	c
		土霉素	●●	c
	微生物	菌落总数	●●●●	b
		商业无菌	●●	c
		大肠菌群	●●	c
		沙门氏菌	●●	c
	污染物	铅（以 Pb 计）	●●●●	b
		总砷（以 As 计）	●●	c

（二）风险结局严重性分析

兽药残留是导致蛋及蛋制品不合格的最主要因素，不合格项次占比高达82.25%，以鲜蛋检出不合格情况较为严重。氟苯尼考和恩诺沙星是鲜蛋中不合格的主要项目，其他禁用兽药占不合格项次的99.53%。正常情况下，消费者不必对鸡蛋中检出氟苯尼考过分担心。但长期食用氟苯尼考残留超标的蛋品，对人体健康有一定风险。兽药指标一般致病性较低（▲▲），潜伏期较长（◆◆），风险结局严重性均为水平2。

兽药超标的原因：一是养殖户未严格控制休药期或在鸡产蛋期违规使用氟苯尼考、恩诺沙星或环丙沙星；二是不法饲料商受利益驱使，销售给养殖场的饲料中添加防治禽类疾病的氟苯尼考、恩诺沙星或环丙沙星，导致该类物质在鸡体内残留，进而传递至鸡蛋中。[①]

微生物指标的致病性为中度（▲▲▲）或低度（▲▲），潜伏期为中度（◆◆◆）或较短（◆◆◆◆），综合评价风险结局严重性为水平3或水平4。我国小型蛋制品加工企业较多，在加工前对鲜蛋原料的筛选重视度不够。往往注重原料供应商提供的鲜蛋破损率和大小，而对其质量较为漠视。在质量抽查时对原料鲜蛋的检查也是盲点，例如在加工中使用了病蛋、激素蛋、微生物污染的蛋原料等往往会直接影响蛋制品的质量。在蛋制品加工过程中，除鲜蛋原料微生物污染外，二次污染也有很大的潜在隐患，如机械、生产工具等微生物污染，水源、添加物的清洁卫生等。

重金属污染往往存在潜伏期较长、致病性较高等特点，所以综合评价风险结局严重性为水平3或水平4。重金属超标问题主要存在于蛋制品。我国传统蛋制品品种主要有皮蛋、卤蛋、咸蛋、漕蛋和醉蛋等多种类型。以皮蛋为例，它是我国独创的一种产品，其产量位于国内蛋制品首位。最开始皮蛋的腌制使用铅制品，由于意识到铅元素的长期累积会对人体造成损害，使得浊料法向清料法改进，并用其他重金属代替铅等方面的研究逐渐增多。[②] 在传统皮蛋生产中去泥去糠的保存方法不符合卫生要求，故寻找一种相对安全、环保的方法迫在眉睫。

---

① 刘力、彭义、彭祥伟等：《水禽蛋与蛋制品质量安全调查研究》，载《中国畜牧杂志》2010年第46卷第18期，第26~29页。

② 王永述、王璐、阳绍中：《浅谈蛋制品行业的安全体系建设》，载《中国畜禽种业》2010年第6卷第9期，第5~6页。

防腐剂方面，一些蛋品生产、销售企业，安全卫生意识和法律意识淡薄。为牟取暴利，在蛋制品生产制作和加工处理环节，违规使用防腐剂、色素和食品添加剂等，为蛋制品的安全性埋下隐患。例如，曾报道过，加丽素红、苏丹红等违禁添加物质给消费者的健康带来了巨大威胁，[①] 详见表 3-5。

表 3-5 蛋及蛋制品的风险结局严重性分级

指标项目		致病性	潜伏期	风险结局严重性
农药	氟虫腈	▲▲▲	◆◆◆◆	4
食品添加剂	山梨酸及其钾盐（以山梨酸计）	▲	◆	1
	苯甲酸及其钠盐（以苯甲酸计）	▲	◆	1
兽药	氟苯尼考	▲▲	◆◆	2
	恩诺沙星（以恩诺沙星与环丙沙星之和计）	▲▲	◆◆	2
	氧氟沙星	▲▲	◆◆	2
	环丙沙星（CIP）	▲▲	◆◆	2
	金刚烷胺	▲▲	◆◆	2
	甲砜霉素	▲▲	◆◆	2
	强力霉素	▲▲	◆◆	2
	氟喹诺酮类	▲▲	◆◆	2
	甲硝唑	▲▲	◆◆	2
	呋喃唑酮代谢物	▲▲	◆◆	2
	氯霉素	▲▲	◆◆	2
	土霉素	▲▲	◆◆	2
微生物	菌落总数	▲▲	◆◆◆	3
	商业无菌	▲▲▲	◆◆◆	3
	大肠菌群	▲▲▲	◆◆◆	3
	沙门氏菌	▲▲▲	◆◆◆◆	4
污染物	铅（以 Pb 计）	▲▲▲▲	◆	3
	总砷（以 As 计）	▲▲▲▲	◆◆◆	4

① 励慧敏：《蛋及蛋制品加工与发展》，载《食品研究与开发》2014 年第 35 卷第 11 期，第 127~129、136 页。

（三）风险评估分级

大型活动中蛋及蛋制品的食品安全风险评估分级详见表3-6。其中，蛋及蛋制品中农药残留和污染物的指标风险较高。农药残留中氟虫腈指标、污染物中总砷以及微生物指标中的沙门氏菌风险较高，具有较高的风险发生可能性（c级），风险结局严重性为水平4，综合评价均为极严重风险（E级）。其中，铅具有极高的风险发生可能性（b级），风险结局严重性为水平3，综合评价为H级。兽药的风险结局严重性基本保持为水平2，其中氟苯尼考、恩诺沙星、氧氟沙星、环丙沙星的风险发生可能性为b级，综合评价为H级。食品添加剂的风险发生可能性较高（c级），风险结局严重性为水平1，综合评价均为低度风险（L级）。

表3-6　大型活动中蛋及蛋制品的食品安全风险评估分级

安全指标项目		风险发生可能性	风险结局严重性	综合评价
农药	氟虫腈	c	4	E
食品添加剂	山梨酸及其钾盐（以山梨酸计）	c	1	L
	苯甲酸及其钠盐（以苯甲酸计）	c	1	L
兽药	氟苯尼考	b	2	H
	恩诺沙星（以恩诺沙星与环丙沙星之和计）	b	2	H
	氧氟沙星	b	2	H
	环丙沙星（CIP）	b	2	H
	金刚烷胺	c	2	M
	甲砜霉素	c	2	M
	强力霉素	c	2	M
	氟喹诺酮类	c	2	M
	甲硝唑	c	2	M
	呋喃唑酮代谢物	c	2	M
	氯霉素	c	2	M
	土霉素	c	2	M
微生物	菌落总数	b	3	H
	商业无菌	c	3	H

续表

安全指标项目		风险发生可能性	风险结局严重性	综合评价
微生物	大肠菌群	c	3	H
	沙门氏菌	c	4	E
污染物	铅（以 Pb 计）	b	3	H
	总砷（以 As 计）	c	4	E

（四）相关保障政策措施

目前，我国现行蛋制品质量安全标准存在着标准体系不完善、技术内容落后、实用性不强等问题，有些产品质量标准存在规格要求不明确、无定量等问题。[①] 特别是对有毒有害物质限量标准缺乏基础性研究，例如农兽药残留标准方面，还与国际相差较大。许多禽蛋标准已不能适应新形势下国际贸易的需要。因此，亟须加强基础性研究和标准体系完善，并与国际接轨。

三、乳及乳制品的食品安全风险评估及分级

（一）风险发生可能性分析

2015 年 1 月 1 日—2019 年 12 月 31 日，全国公开乳及乳制品抽检信息共 70607 批次，抽检范围包括生乳、巴杀乳、灭菌乳、调制乳、发酵乳、乳粉和其他类。其中，不合格 283 批次，不合格率为 0.39%，风险等级为低度（★★）。

由于乳品企业原料质量把控严格，加之食品质监部门加强对生产、加工、运输、销售等各个环节污染问题的管控力度，因此整体风险等级较低。但仍然存在抽检不合格产品，详见表 3-7。问题集中在微生物方面，大肠菌群、霉菌和酵母、菌落总数的指标风险极高（●●●●●），风险发生可能性为 b 级。在适宜条件下，微生物在乳制品中可迅速生长繁殖，降低乳制品的营养和风味价值，对消费者的健康造成损害。大多数乳制品类均检出大肠菌群和菌落总数

① 周永昌、黎华、周志远：《我国肉蛋制品质量安全标准现状与建议》，载《肉类工业》2012 年第 11 期，第 43~46 页。

的污染，其中发酵乳和巴氏杀菌乳中的大肠菌群超标相对突出。乳制品另一个突出的问题是发酵乳制品中酵母菌和霉菌的超标。发酵乳 pH 值低，耐酸微生物（酵母菌和霉菌）成了另一大污染菌。且这两种微生物对发酵乳制品的污染可能出现在产品的各个环节，在酸奶储存或销售过程中出现的胀包现象就可能是酵母菌污染造成的。[①] 其余微生物、食品添加剂和生物毒素的指标风险等级为中度（●●●）和低度（●●），风险发生可能性集中在 c 级和 d 级。

表 3-7　乳及乳制品风险发生可能性分级

产品及风险等级	安全指标项目		指标风险等级	风险发生可能性
乳及乳制品 ★★	微生物	大肠菌群	●●●●●	b
		霉菌和酵母	●●●●●	b
		菌落总数	●●●●●	b
		乳酸菌数	●●●	c
		金黄色葡萄球菌	●●●	c
		商业无菌	●●	d
	添加剂	苯甲酸及其钠盐（以苯甲酸计）	●●●	d
		纳他霉素	●●	c
		山梨酸及其钾盐（以山梨酸计）	●●	d
		安赛蜜	●●	d
		铝的残留量（干样品，以 Al 计）	●●	d
		糖精钠	●●	d
		甜蜜素（以环己基氨基磺酸计）	●●	d
		脱氢乙酸及其钠盐（以脱氢乙酸计）	●●	d
	生物毒素	黄曲霉毒素 M_1	●●	d

（二）风险结局严重性分析

食品安全风险结局的严重性主要通过风险指标的致病性和潜伏期特点进行评价，详见表 3-8。

① 杨贞耐、张健：《干酪质量安全问题与控制技术》，载《食品科学技术学报》2015 年第 33 卷第 6 期，第 7 页。

乳制品富含蛋白质、无机盐、脂肪等多种营养物质，但也易受到微生物的污染。[①] 大肠菌群是国内外通用的食品污染常用指示菌之一。食品中检出大肠菌群，提示被致病菌（如沙门氏菌、志贺氏菌、致病性大肠杆菌）污染的可能性较大。大肠菌群超标，会引起腹泻、肠胃感染等轻微症状[②]，致病性为中度（▲▲▲），潜伏期为中度（◆◆◆），所以综合评价风险结局严重性为水平 3。

巴氏杀菌乳由于杀菌温度低或杀菌时间短，虽然能较好地保持牛奶原有的风味和营养，但是会导致产品杀菌不完全，出现商业无菌超标[③]，引起部分致病微生物残留。巴氏杀菌乳在生产、灌装、储存、运输和销售过程中，由于操作不规范、环境冷链不达标等原因，都可能出现微生物超标的现象。商业无菌不合格可能会导致食品腐败变质，破坏食品的色、香、味，影响人的身体健康，其致病性为中度（▲▲▲），潜伏期为中度（◆◆◆），风险结局严重性为水平 3。

菌落总数是用来判定食品被细菌污染的程度，反映食品新鲜程度和卫生状况的重要微生物指标之一。[④] 如果食品中菌落总数超标，说明其产品的卫生状况达不到基本的卫生要求，还会导致食品的营养成分被破坏，加速食品的腐败变质，甚至使食品失去食用价值。消费者食用微生物超标严重的食品，很容易患痢疾等肠道疾病。可能引起呕吐、腹泻等症状，危害人体健康安全，致病性较低（▲▲），潜伏期为中度（◆◆◆），风险结局严重性为水平 3。

金黄色葡萄球菌（Staphylococcus aureus），又称金葡菌是引起细菌性食物中毒的重要病原菌之一，其广泛存在于自然环境中，对各种理化因素都有较高的抵抗力。由金黄色葡萄球菌引起的食物中毒在细菌性食物中毒中占较大比例。[⑤] 由于乳及乳制品中含多种营养素，其在作为人类优选食物的同时，也给微生物的生长提供了条件。[⑥] 金黄色葡萄球菌是影响原料奶安全性的微生物之

---

① 任发政、罗洁、郭慧媛：《中国乳制品安全现状与产业发展解析》，载《中国食品学报》2016 年第 6 期，第 6 页。

② 汪廷彩、张佩霞、蔡展帆等：《2018 年广东省乳制品食品安全状况结果分析》，载《食品安全质量检测学报》2019 年第 10 卷第 13 期，第 7 页。

③ 聂炎炎：《市售乳与乳制品的微生物污染调查与分析》，载《中国乳业》2012 年第 2 期，第 2 页。

④ 赵娅柔、张秀宇、左敏等：《2016—2019 年前三季度我国乳制品监督抽检结果分析》，载《食品安全质量检测学报》2021 年第 12 卷第 3 期，第 8 页。

⑤ 王彤、林露、严维凌等：《温度和接种量对搅打奶油中金黄色葡萄球菌生长及产肠毒素的影响》，载《食品科学》2014 年第 35 卷第 23 期，第 210~214 页。

⑥ 遇晓杰、闫军、苏华等：《原料乳中金黄色葡萄球菌的风险评估及防控策略的建立》，载《中国乳品工业》2010 年第 38 卷第 9 期，第 53~58 页。

一，它能产生高温灭菌不能破坏的肠毒素。近年来，由该菌污染乳制品所引发的食物中毒事件很多。① 这表明，金黄色葡萄球菌是影响乳制品安全的主要生物性风险。金葡菌的致病性为中度（▲▲▲），潜伏期较短（◆◆◆◆），风险结局严重性为水平 4。

黄曲霉毒素 M_1（Aflatoxin M_1，AFM_1）是动物摄入黄曲霉毒素 B_1（Aflatoxin B_1，AFB_1）后在体内经羟基化形成的代谢产物。其毒性仅次于 AFB_1，WHO 将其列为ⅡB 类致癌物。AFM_1 主要存在于动物的乳汁、肾脏、肝脏、肌肉、尿液和蛋中，其中以乳汁中最为常见，致病性极高（▲▲▲▲▲），潜伏期较长（◆◆），综合评价风险结局严重性为水平 4。

表 3-8　乳及乳制品风险结局严重性分级

安全指标项目		致病性	潜伏期	风险结局严重性
微生物	大肠菌群	▲▲▲	◆◆◆	3
	霉菌和酵母	▲▲	◆◆◆	3
	菌落总数	▲▲	◆◆◆	3
	乳酸菌数	▲▲▲	◆◆◆	3
	金黄色葡萄球菌	▲▲▲	◆◆◆◆	4
	商业无菌	▲▲▲	◆◆◆	3
添加剂	苯甲酸及其钠盐（以苯甲酸计）	▲▲	◆◆	2
	纳他霉素	▲	◆	1
	山梨酸及其钾盐（以山梨酸计）	▲	◆	1
	安赛蜜	▲	◆	1
	铝的残留量（干样品，以 Al 计）	▲	◆	1
	糖精钠	▲	◆	1
	甜蜜素（以环己基氨基磺酸计）	▲	◆	1
	脱氢乙酸及其钠盐（以脱氢乙酸计）	▲	◆	1
生物毒素	黄曲霉毒素 M_1	▲▲▲▲▲	◆◆	4

① 毛雪丹、胡俊峰、刘秀梅：《2003—2007 年中国 1060 起细菌性食源性疾病流行病学特征分析》，载《中国食品卫生杂志》2010 年第 22 卷第 3 期，第 224~228 页。

（三）风险评估分级

大型活动中乳及乳制品的食品安全风险评估分级详见表 3-9。从整体分析来看，乳及乳制品微生物指标中大肠菌群、霉菌和酵母、菌落总数和乳酸菌数的风险发生可能性均为 b 级，风险结局严重性均为水平 3，综合评价为高度风险（H 级）。商业无菌的风险结局严重性等同于上述微生物指标，因为风险发生可能性低于其他微生物的发生频率，评价为 d 级，其综合评价为中度风险（M 级）。由于金黄色葡萄球菌具有风险结局严重性极高（水平 4）的特点，风险发生可能性为 c 级，所以综合评价为极严重风险（E 级）。由此可见，减少或降低该菌引发的乳品安全风险对保证我国乳制品的安全性有着重要作用。

食品添加剂整体的风险发生可能性主要集中在 c 级和 d 级，且风险结局严重性普遍为水平 1 或水平 2，所以综合评价为低度风险（L 级）。

生物毒素黄曲霉毒素 M_1，风险结局严重性极高，为水平 4，但由于风险发生可能性较低，为 d 级，综合评价为高度风险（H 级）。

表 3-9　大型活动中乳及乳制品的食品安全风险评估分级

安全指标项目		风险发生可能性	风险结局严重性	综合评价
微生物	大肠菌群	b	3	H
	霉菌和酵母	b	3	H
	菌落总数	b	3	H
	乳酸菌数	b	3	H
	金黄色葡萄球菌	c	4	E
	商业无菌	d	3	M
添加剂	苯甲酸及其钠盐（以苯甲酸计）	d	2	L
	纳他霉素	c	1	L
	山梨酸及其钾盐（以山梨酸计）	d	1	L
	安赛蜜	d	1	L
	铝的残留量（干样品，以 Al 计）	d	1	L
	糖精钠	d	1	L
	甜蜜素（以环己基氨基磺酸计）	d	1	L
	脱氢乙酸及其钠盐（以脱氢乙酸计）	d	1	L
生物毒素	黄曲霉毒素 M_1	d	4	H

（四）相关保障政策措施

微生物超标可能是由于产品的加工原料、包装材料受污染，或在生产过程中产品受人员、工作器具等生产设备、环境的污染，有灭菌工艺的产品灭菌不彻底而导致。[①] 主要原因：①杀菌温度、时间控制不当。②生产环境以及设施消毒灭菌不彻底，生产车间卫生条件不满足生产的要求。空气洁净度难以保证，造成大量微生物在车间繁殖，导致产品极容易受到污染。③企业本身的生产硬件条件非常有限，人员操作不卫生、生产过程不规范等原因造成产品污染。④使用受污染的原材料。⑤产品储藏、运输环节控制不力、质量把关不严。

乳制品中微生物的检验监督不容忽视，乳制品生产企业也要在原辅料、加工过程和设备、加工环境、冷链运输及储存、销售的各个环节严格把控环境和卫生指标，保障产品质量安全。

四、水产及其制品的食品安全风险评估及分级

（一）风险发生可能性分析

2015 年 1 月—2019 年 12 月，全国共抽检水产品 132088 批次，合格数量共计 127554 批次，不合格产品 4529 批次，合格率为 96. 57%。整体水产品抽检质量的风险等级为高度危险水平（★★★★），且随着我国水产品市场规模逐渐扩大，养殖产量数目庞大，保障市场经济的稳定发展以及百姓的健康安全，需要加大监督管理力度，并开展多次水产品的专项检查。目前，抽检数量逐年增加，不合格率逐年降低，整体水产品市场前景向好。但仍然在不合格产品中存在一些问题，多数水产品不合格原因都来源于兽药和污染物不符合标准。

例如，防腐剂超标问题，一些不良商家为了延长保质期，掩盖产品不新鲜程度，过度添加防腐剂等。再如，兽药残留问题，一般是在水产养殖时，不规范兽药的使用，导致终产品中仍然存有兽药，危害消费者的健康。微生物问题方面，由于养殖环境因素导致，或是人为因素，在生产环节操作不规范，员工不注意个人卫生等不符合 HACCP 标准的执行操作，都会出现微生物超标问题。

① 高光普：《乳制品生产过程中的微生物控制》，载《食品安全导刊》2017 年第 6 期，第 1 页。

按各项不合格原因进行分类统计，首先，不合格水产品在兽药残留问题上较为突出。占比过半，高达 50.5%，为主要的水产品不合格原因。其次，污染物问题在水产品中较为严重。需要注意的还有食品添加剂方面所占比例也应该引起重视。

从 2015—2019 年在水产品禁停用兽药检出情况来看，恩诺沙星超标批次最多，超标 516 批次。孔雀石绿不合格 480 批次、呋喃唑酮代谢物超标 323 批次、氯霉素不合格 263 批次。呋喃西林代谢物和氧氟沙星仍有检出，这两种兽药属于禁用兽药中批次较多的。2015—2019 年兽药残留监控抽检不合格的样品恩诺沙星和孔雀石绿分别占兽药问题超标总数的 23.36% 和 21.73%，是样品不合格的主要原因。孔雀石绿由于在水霉病和烂鳃病防治中具有显著效果，加之价格低廉，在水产品养殖中屡禁不止。恩诺沙星能够治疗由大肠杆菌（Escherichiacoli）或沙门氏菌（Salmonella）引起的肠炎、疥疮、赤鳍病及溃疡病等疾病，同样具有价格低、效果好等特点，一些养殖户不惜违规使用。

水产加工品以及干制水产品中食品添加剂不规范使用的问题较为严重，在水产品的储藏、加工、运输途中为了延长水产品的保质期，增加口感或制作起来更方便、成本更低，不少加工商添加过量的防腐剂、增鲜剂、着色剂等，这些添加剂使用过量会对人体造成伤害，详见表 3-10。

表 3-10 水产及其制品风险发生可能性分级

产品及风险级别	安全指标项目		指标风险等级	风险发生可能性
水产及其制品★★★★	微生物	菌落总数	●	c
		大肠菌群	●	c
		金黄色葡萄球菌	●	c
		霉菌	●	c
		副溶血性弧菌	●	c
		沙门氏菌	●	c
	污染物	镉（以 Cd 计）	●●●●●	a
		N-二甲基亚硝胺	●●●●	b
		铅（以 Pb 计）	●●●	b
		无机砷	●●	c

续表

产品及风险级别	安全指标项目		指标风险等级	风险发生可能性
水产及其制品★★★★	污染物	铬（以 Cr 计）	●●	c
		苯并［a］芘	●	c
		亚硝酸盐	●	c
		甲基汞	●	c
	兽残	恩诺沙星（以恩诺沙星与环丙沙星之和计）	●●●●●	a
		孔雀石绿	●●●●●	a
		呋喃唑酮代谢物	●●●●	b
		氯霉素	●●●●	b
		呋喃西林代谢物	●●●●	b
		氧氟沙星	●●●●	b
		地西泮	●●●	b
		磺胺类（总量）	●●	c
		土霉素	●●	c
		甲硝唑	●●	c
		环丙沙星（CIP）	●●	c
		呋喃妥因代谢物	●●	c
		氟苯尼考	●●	c
		金霉素	●●	c
		五氯酚酸钠	●●	c
		呋喃它酮代谢物	●	c
		硝基呋喃类	●	c
		羟基甲硝唑	●	c
		喹乙醇	●	c
		达氟沙星	●	c
		培氟沙星	●	c
		诺氟沙星	●	c
		洛美沙星	●	c
		沙拉沙星	●	c
		克伦特罗	●	c

续表

产品及风险级别	安全指标项目		指标风险等级	风险发生可能性
水产及其制品★★★★	兽残	四环素类	●	c
		氨基脲	●	c
		亚硫酸盐	●●●●	b
	添加剂	苯甲酸及其钠盐（以苯甲酸计）	●●●●	b
		二氧化硫残留量	●●●	b
		山梨酸及其钾盐（以山梨酸计）	●●●	b
		胭脂红及其铝色淀	●●●	b
		日落黄及其铝色淀	●●●	b
		铝的残留量（干样品，以 Al 计）	●●	c
		甜蜜素（以环己基氨基磺酸计）	●●	c
		硫酸铝盐（明矾）	●●	c
		柠檬黄及其铝色淀	●●	c
		安赛蜜	●●	c
		糖精钠	●●	c
		二氧化钛	●	c
		脱氢乙酸及其钠盐（以脱氢乙酸计）	●	c
		二丁基羟基甲苯	●	c
		防腐剂各自用量占其最大使用量比例之和	●	c
	农药	腐霉利	●	c
	非法添加	甲硝唑	●	c

（二）风险结局严重性分析

微生物问题多半是由于环境因素导致，水产品中微生物危害主要分为菌落总数、大肠菌群、金黄色葡萄球菌等 6 种不合格微生物问题。其中，菌落总数超标是 2015—2019 年抽检不合格水产品中最严重的微生物危害。菌落总数超标说明食品在生产过程中的卫生状况不够理想。如果食品的菌落总数严重超标，将会破坏食品的营养成分，使食品失去食用价值；还会加速食品腐败变质，危害人体健康。养殖户受利益驱动，选用劣质苗种，随意加大养殖密度，也会加大病害的发生率。

人们的生产生活会产生废水，而城市污水和工业废水未经处理直接排放入河入海是造成水体污染的重要原因之一。雨水将农作物化肥、农药及城市地面的污染物冲刷进入水体等导致水产品中有毒有害污染物超标。填海造地工程引发淤泥积聚，污染海底环境。水产养殖过程中大量投喂人工配制饲料后，残饵引起养殖水体富营养化也会造成水体污染。

水产品中镉不合格可能是水产品养殖过程对环境中镉元素的富集。镉对人体的危害主要是慢性蓄积性，长期大量摄入镉含量超标的食品可能导致肾和骨骼损伤等。

N-二甲基亚硝胺是N-亚硝胺类化合物的一种，食品中天然存在的N-亚硝胺类化合物含量极微。但其前体物质亚硝酸盐和胺类广泛存在于自然界中，在适宜的条件下可以形成N-亚硝胺类化合物。鱼类特别是海洋鱼类中存在天然胺类物质氧化三甲胺，在氧化三甲胺还原酶、腐败细菌特别是兼性厌氧菌的作用下，氧化三甲胺脱氧被还原成三甲胺。三甲胺是海洋鱼类腐败的恶臭成分，可经亚硝化反应生成亚硝胺。N-二甲基亚硝胺超标可能由于产品原料腐败所致，反映该食品卫生状况不达标。如果一次或多次摄入含大量N-亚硝基化合物的食物，可能引起急性中毒，主要症状为头晕、乏力、肝实质病变等，详见表3-11。

表3-11 水产及其制品的风险结局严重性分级

指标项目		致病性	潜伏期	风险结局严重性
微生物	菌落总数	▲▲	◆◆◆	3
	大肠菌群	▲▲▲	◆◆◆	3
	金黄色葡萄球菌	▲▲▲	◆◆◆◆	4
	霉菌	▲▲	◆◆◆	3
	副溶血性弧菌	▲▲▲	◆◆◆◆	4
	沙门氏菌	▲▲▲	◆◆◆◆	4
污染物	镉（以Cd计）	▲▲▲▲	◆	3
	N-二甲基亚硝胺	▲▲▲▲▲	◆	3
	铅（以Pb计）	▲▲▲▲	◆	3
	无机砷	▲▲▲▲	◆◆◆	4

续表

指标项目		致病性	潜伏期	风险结局严重性
污染物	铬（以 Cr 计）	▲▲▲▲	◆	3
	苯并［a］芘	▲▲▲▲▲	◆	3
	亚硝酸盐	▲▲▲	◆	2
	甲基汞	▲▲▲	◆	2
兽残	恩诺沙星（以恩诺沙星与环丙沙星之和计）	▲▲	◆◆	2
	孔雀石绿	▲▲▲▲	◆◆◆	4
	呋喃唑酮代谢物	▲▲	◆◆	2
	氯霉素	▲▲	◆◆	2
	呋喃西林代谢物	▲▲	◆◆	2
	氧氟沙星	▲▲	◆◆	2
	地西泮	▲▲	◆◆◆	3
	磺胺类（总量）	▲▲	◆◆	2
	土霉素	▲▲	◆◆	2
	甲硝唑	▲▲	◆◆	2
	环丙沙星（CIP）	▲▲	◆◆	2
	呋喃妥因代谢物	▲▲	◆◆	2
	氟苯尼考	▲▲	◆◆	2
	金霉素	▲▲	◆◆	2
	五氯酚酸钠	▲▲	◆◆	2
	呋喃它酮代谢物	▲▲	◆◆	2
	硝基呋喃类	▲▲	◆◆	2
	羟基甲硝唑	▲▲	◆◆	2
	喹乙醇	▲▲	◆◆	2
	达氟沙星	▲▲	◆◆	2
	培氟沙星	▲▲	◆◆	2
	诺氟沙星	▲▲	◆◆	2
	洛美沙星	▲▲	◆◆	2
	沙拉沙星	▲▲	◆◆	2
	克伦特罗	▲▲	◆◆	2

续表

指标项目		致病性	潜伏期	风险结局严重性
兽残	四环素类	▲▲	◆◆	2
	氨基脲	▲▲	◆◆	2
添加剂	亚硫酸盐	▲	◆	1
	苯甲酸及其钠盐（以苯甲酸计）	▲	◆	1
	二氧化硫残留量	▲	◆	1
	山梨酸及其钾盐（以山梨酸计）	▲	◆	1
	胭脂红及其铝色淀	▲	◆	1
	日落黄及其铝色淀	▲	◆	1
	铝的残留量（干样品，以 Al 计）	▲	◆	1
	甜蜜素（以环己基氨基磺酸计）	▲	◆	1
	硫酸铝盐（明矾）	▲	◆	1
	柠檬黄及其铝色淀	▲	◆	1
	安赛蜜	▲	◆	1
	糖精钠	▲	◆	1
	二氧化钛	▲	◆	1
	脱氢乙酸及其钠盐（以脱氢乙酸计）	▲	◆	1
	二丁基羟基甲苯	▲	◆	1
	防腐剂各自用量占其最大使用量比例之和	▲	◆	1
农药	腐霉利	▲▲▲▲	◆◆◆◆	4
非法添加	甲硝唑	▲▲	◆◆	2

（三）风险评估分级

微生物指标出现不合格的问题中金黄色葡萄球菌、副溶血性弧菌以及沙门氏菌，由于风险结局严重性较高，均为水平 4，且风险发生可能性为 c 级，因此综合评价为 E 级。同样综合评价为 E 级的还有污染物指标中的镉和无机砷，兽药残留问题中的孔雀石绿，以及农残问题中的腐霉利指标。其余指标问题由于风险结局严重性均在水平 3 以下，综合评价均为 H 级及以下。这些 H 级指标包括其他微生物指标，污染物指标中 N−二甲基亚硝胺、铅（以 Pb 计）、铬

（以 Cr 计）、苯并［a］芘以及少量兽药残留，其余指标多数均为 M 级。食品添加剂主要集中在 M 级和 L 级，非法添加中的甲硝唑综合评价为 M 级，详见表 3-12。

表 3-12　大型活动中水产及其制品的食品安全风险评估分级

指标大类	指标小类及频率	风险发生可能性	风险结局严重性	综合评价
微生物	菌落总数	c	3	H
	大肠菌群	c	3	H
	金黄色葡萄球菌	c	4	E
	霉菌	c	3	H
	副溶血性弧菌	c	4	E
	沙门氏菌	c	4	E
污染物	镉（以 Cd 计）	a	3	E
	N-二甲基亚硝胺	b	3	H
	铅（以 Pb 计）	b	3	H
	无机砷	c	4	E
	铬（以 Cr 计）	c	3	H
	苯并［a］芘	c	3	H
	亚硝酸盐	c	2	M
	甲基汞	c	2	M
兽残	恩诺沙星（以恩诺沙星与环丙沙星之和计）	a	2	H
	孔雀石绿	a	4	E
	呋喃唑酮代谢物	b	2	H
	氯霉素	b	2	H
	呋喃西林代谢物	b	2	H
	氧氟沙星	b	2	H
	地西泮	b	3	H
	磺胺类（总量）	c	2	M
	土霉素	c	2	M
	甲硝唑	c	2	M
	环丙沙星（CIP）	c	2	M

续表

指标大类	指标小类及频率	风险发生可能性	风险结局严重性	综合评价
兽残	呋喃妥因代谢物	c	2	M
	氟苯尼考	c	2	M
	金霉素	c	2	M
	五氯酚酸钠	c	2	M
	呋喃它酮代谢物	c	2	M
	硝基呋喃类	c	2	M
	羟基甲硝唑	c	2	M
	喹乙醇	c	2	M
	达氟沙星	c	2	M
	培氟沙星	c	2	M
	诺氟沙星	c	2	M
	洛美沙星	c	2	M
	沙拉沙星	c	2	M
	克伦特罗	c	2	M
	四环素类	c	2	M
	氨基脲	c	2	M
添加剂	亚硫酸盐	b	1	M
	苯甲酸及其钠盐（以苯甲酸计）	b	1	M
	二氧化硫残留量	b	1	M
	山梨酸及其钾盐（以山梨酸计）	b	1	M
	胭脂红及其铝色淀	b	1	M
	日落黄及其铝色淀	b	1	M
	铝的残留量（干样品，以 Al 计）	c	1	L
	甜蜜素（以环己基氨基磺酸计）	c	1	L
	硫酸铝盐（明矾）	c	1	L
	柠檬黄及其铝色淀	c	1	L
	安赛蜜	c	1	L
	糖精钠	c	1	L
	二氧化钛	c	1	L

续表

指标大类	指标小类及频率	风险发生可能性	风险结局严重性	综合评价
添加剂	脱氢乙酸及其钠盐（以脱氢乙酸计）	c	1	L
	二丁基羟基甲苯	c	1	L
	防腐剂各自用量占其最大使用量比例之和	c	1	L
农药	腐霉利	c	4	E
非法添加	甲硝唑	c	2	M

（四）相关保障政策措施

在今后的水产品质量安全工作中，应持续加强兽药残留监控力度，不断完善产地水产品兽药残留监控计划内容。增加对问题水产品品种的抽检比例，做好质检中心管理及养殖主体监管。同时，着重开展科技创新，继续进行法规、政策宣传。着手推进非规范药品的监管工作，严厉打击违规使用禁用药物的行为，确保水产养殖的源头安全。通过不断改善国家产地水产品兽药残留监控工作效果，使产地水产品兽药残留监控工作在保障水产品质量安全中继续发挥重要作用。

五、蜂产品的食品安全风险评估及分级

（一）风险发生可能性分析

风险发生可能性通过各类产品和指标项目的不合格频率综合评价分级。2015—2019 年，全国蜂产品抽检数据有 24911 批次，整体不合格有 788 批次，与其他各类食品相比不合格率高（不合格率为 3.07%），风险等级为高度（★★★★）。由表 3-13 可知，主要的不合格指标为微生物、兽药、食品添加剂、污染物以及非法添加问题。

微生物方面的不合格指标主要为菌落总数、嗜渗酵母菌和霉菌等。其中，菌落总数和嗜渗酵母菌超标的风险发生可能性为 a，发生率极高，风险等级极高（●●●●●）。霉菌超标和大肠菌群超标问题相较于蜂产品的其他微生物不合格问题而言，发生率较小。兽药残留超标问题在蜂产品中较为普遍，常用

的氯霉素风险极高（●●●●●），风险发生可能性为 a 级。蜜蜂容易感染一种细菌，从而产生“美洲幼虫腐臭病”。美洲幼虫腐臭病是蜜蜂的一种严重细菌性传染病，导致工蜂幼虫在化蛹期大量死亡，蜂群迅速衰弱以致全群死亡。雄蜂和蜂王幼虫也可受到感染。由于氯霉素是一种强力抗生素，能有效控制蜂群感染，减少蜜蜂死亡情况，有的蜂场用它来处理蜂房控制幼虫腐烂病。但由于过量使用氯霉素，导致部分氯霉素在蜂蜜内残留。另外，随着现代工业和农业的发展，在人类和其他养殖行业使用过的氯霉素会迁移至土壤和地下水中，蜜蜂通过接触被污染的土壤或地下水导致蜂箱中的巢脾被污染，从而污染蜂产品。同时，蜂产品还普遍存在食品添加剂指标不合格现象。主要表现为甜味添加剂以及防腐剂超标的风险发生可能性较大，为 b 级和 c 级。这是由于一些蜂产品加工企业以次充好，主要造假集中体现在蜂蜜方面。现在蜂蜜造假方式主要是蜂蜜中直接加入甜味添加剂，特别是在城乡接合部个别销售“蜂蜜”的养蜂场和个别蜂产品加工企业尤为突出。

表 3-13　蜂产品食品风险发生可能性分析

产品及风险等级	安全指标项目		指标风险等级	风险发生可能性
蜂制品★★★★	污染物	铅（以 Pb 计）	●●●	b
	微生物	菌落总数	●●●●●	a
		嗜渗酵母菌	●●●●●	a
		霉菌	●●●●	b
		大肠菌群	●●	c
	兽药	氯霉素	●●●●●	a
		诺氟沙星	●●●●	b
		氟喹诺酮类	●●●	b
		硝基咪唑类	●●●	b
		甲硝唑	●●	c
		氧氟沙星	●●	c
		四环素类	●●	c
		硝基呋喃类	●●	c
		磺胺类（总量）	●●	c
		培氟沙星	●●	c

续表

产品及风险等级	安全指标项目		指标风险等级	风险发生可能性
蜂制品★★★★	食品添加剂	甜蜜素（以环己基氨基磺酸计）	●●●●	b
		山梨酸及其钾盐（以山梨酸计）	●●●	b
		苯甲酸及其钠盐（以苯甲酸计）	●●●	b
		糖精钠	●●●	b
		安赛蜜	●●	c
	非法添加	甲硝唑	●●	c

（二）风险结局严重性分析

氯霉素作为抗生素很高效，但是它也会带来严重的副作用。氯霉素的致病性为低度（▲▲），潜伏期较长（◆◆）。氯霉素能抑制骨髓造血功能造成过敏反应，引起包括白细胞减少、红细胞减少、血小板减少等在内的再生障碍性贫血。此外，氯霉素还可引起肠道菌群失调及抑制抗体形成。

非法添加是指为追逐利益，快速达到成效，饲料中使用的兽药（制剂、注射液等）不按国家标准生产，违规添加抗菌药、禁用兽药、人用药品以及农业部门未批准使用的其他化合物。涵盖甲硝甲氧苄啶、安乃近、喹乙醇、乙酰甲喹等十余种兽药中非法添加药物的检测方法标准，现已颁布施行。

表 3-14　蜂产品食品风险结局严重性分级

安全指标项目		致病性	潜伏期	风险结局严重性
污染物	铅（以 Pb 计）	▲▲▲▲	◆	3
微生物	菌落总数	▲▲	◆◆◆	3
	嗜渗酵母菌	▲▲	◆◆◆	3
	霉菌	▲▲	◆◆◆	3
	大肠菌群	▲▲▲	◆◆◆	3
兽药	氯霉素	▲▲	◆◆	2
	诺氟沙星	▲▲	◆◆	2
	氟喹诺酮类	▲▲	◆◆	2

续表

安全指标项目		致病性	潜伏期	风险结局严重性
兽药	硝基咪唑类	▲▲	◆◆	2
	氧氟沙星	▲▲	◆◆	2
	四环素类	▲▲	◆◆	2
	硝基呋喃类	▲▲	◆◆	2
	磺胺类（总量）	▲▲	◆◆	2
	培氟沙星	▲▲	◆◆	2
食品添加剂	甜蜜素（以环己基氨基磺酸计）	▲	◆	1
	山梨酸及其钾盐（以山梨酸计）	▲	◆	1
	苯甲酸及其钠盐（以苯甲酸计）	▲	◆	1
	糖精钠	▲	◆	1
	安赛蜜	▲	◆	1
非法添加	甲硝唑	▲▲	◆◆	2

（三）风险评估分级

大型活动中蜂产品的食品安全风险评估分级详见表 3-15。在微生物方面，菌落总数和嗜渗酵母菌，因为具有较高的风险发生可能性（a 级）和较大的风险结局严重性（3 级），综合评价为极严重风险（E 级）。霉菌，因为高风险发生可能性（b 级）和较大的风险结局严重性（3 级），综合评价为高严重风险（H 级）。微生物指标超标主要来自产品的加工原料、包装材料受污染，或在生产过程中产品受人员、工作器具等生产设备、环境的污染，有灭菌工艺的产品灭菌不彻底而导致。

在兽药方面，氯霉素、诺氟沙星、氟喹诺酮类和硝基咪唑类因为较高的风险发生可能性（a 级）或高风险发生可能性（b 级），以及中等风险结局严重性（2 级），均综合评价为高度风险级别（H 级）。严格把控兽药用量，保证蜂产品原材料的安全是关键。在污染物方面，铅因为较高的风险发生可能性（b 级）和较大的风险结局严重性（3 级），综合评价为高严重风险（H 级）。

在食品添加剂方面，蜂产品综合评价风险严重程度相对较低。其中，山梨酸及其钾盐、苯甲酸及其钠盐、甜蜜素和糖精钠均因为高风险发生可能性（b

级）和可忽略的风险结局严重性（1级），综合评价为中等危险度风险（M级）。食品添加剂中其他风险指标评价为低危险度风险（L级）。食品添加剂超标可能是由于生产者为防止产品变质而违规添加，或采购的原料辅料中含有部分添加剂。

表3-15　大型活动中蜂产品食品安全风险评估分级

安全指标项目		风险发生可能性	风险结局严重性	综合评价
污染物	铅（以Pb计）	b	3	H
微生物	菌落总数	a	3	E
	嗜渗酵母菌	a	3	E
	霉菌	b	3	H
	大肠菌群	c	3	H
兽药	氯霉素	a	2	H
	诺氟沙星	b	2	H
	氟喹诺酮类	b	2	H
	硝基咪唑类	b	2	H
	氧氟沙星	c	2	M
	四环素类	c	2	M
	硝基呋喃类	c	2	M
	磺胺类（总量）	c	2	M
	培氟沙星	c	2	M
食品添加剂	甜蜜素（以环己基氨基磺酸计）	b	1	M
	山梨酸及其钾盐（以山梨酸计）	b	1	M
	苯甲酸及其钠盐（以苯甲酸计）	b	1	M
	糖精钠	b	1	M
	安赛蜜	c	1	L
非法添加	甲硝唑	c	2	L

（四）相关保障政策措施

为确保蜂产品食品安全，应大力改善蜂场环境卫生。大部分蜂场存在脏、乱、差的问题，主要表现在不清除蜂场周围污染杂物、生活用品和生产器具混杂存放、赘脾和割掉的雄蜂房盖随地乱丢、从蜂箱中清理出的蜂尸或巢门前死亡的蜜蜂没有集中深埋或清扫、生产蜂产品过程中不注意个人卫生、割蜜刀和取浆匙等蜂具不消毒。蜂农薄弱的卫生意识，给蜂产品的质量安全带来了隐患。同时，应加强规范防治蜂病，有些蜂农不了解蜂药的时效、用量和使用方法，滥用乱用、大剂量用药和施药方法不当的不规范行为，甚至在生产期间擅自大剂量使用抗生素或其他药物治疗蜂病，可造成蜂产品中抗生素或兽药残留超标。例如，蜂蜜原料样本中含有氯霉素和四环素族抗生素残留。

第四章 主要加工类食品安全风险评估及分级

一、薯类和膨化食品的食品安全风险评估及分级

（一）风险发生可能性分析

风险发生可能性通过各类产品和指标项目的不合格频率综合评价分级。2015—2019 年，全国薯类和膨化食品抽检数据有 27810 批次，整体不合格有 783 批次，与其他各类食品相比不合格率较低（不合格率为 2.82%），风险等级为中度（★★★）。主要不合格指标为微生物、食品添加剂、生物毒素以及污染物，详见表 4-1。其中，微生物指标中的菌落总数和大肠菌群指标风险极高（●●●●●）。菌落总数和大肠菌群是衡量微生物污染程度的重要指标，《食品安全国家标准　膨化食品》（GB 17401-2014）中规定了菌落总数和大肠菌群的限量。近年来，安徽、贵州、广东、甘肃、广西等地均对膨化食品中微生物不合格情况进行了通报，综合风险发生可能性均为 b 级。铝残留量超标一直是市场监管总局抽检粮食制品不合格常见问题。[①] 膨化食品使用的谷类、薯类等原料会带入铝，并且由于膨化食品膨化后往往要加入调味品和色素等添加剂，也增加了铝残留的风险。膨化食品的铝残留处于高度风险（●●●●），综合风险发生可能性为 b 级。甜蜜素和糖精钠，处于高度风险（●●●●），综合风险发生可能性均为 b 级。整体上，其他食品添加剂和生物毒素发生概率较低，综合风险发生可能性均为 c 级。

① 李颖：《市场监管总局：17 批次食品抽检不合格》，载《中国质量万里行》2019 年第 11 期，第 18～19 页。

表 4-1　薯类和膨化食品风险发生可能性分级

产品及风险等级	安全指标项目		指标风险等级	风险发生可能性
薯类和膨化食品★★★	污染物	铅（以 Pb 计）	●●	c
	微生物	菌落总数	●●●●●	b
		大肠菌群	●●●●●	b
		霉菌	●●	c
	食品添加剂	铝的残留量（干样品，以 Al 计）	●●●●	b
		甜蜜素（以环己基氨基磺酸计）	●●●●	b
		糖精钠	●●●●	b
		脱氢乙酸及其钠盐（以脱氢乙酸计）	●●●	c
		安赛蜜	●●●	c
		山梨酸及其钾盐（以山梨酸计）	●●●	c
		二氧化硫残留量	●●●	c
		苯甲酸及其钠盐（以苯甲酸计）	●●	c
		特丁基对苯二酚（TBHQ）	●●	c
		柠檬黄及其铝色淀	●●	c
		日落黄及其铝色淀	●●	c
		苋菜红及其铝色淀	●●	c
		二丁基羟基甲苯	●●	c
		二氧化钛	●●	c
		相同色泽着色剂混合使用时各自用量占其最大使用量的比例之和	●●	c
	生物毒素	黄曲霉毒素 B_1	●●	c

（二）风险结局严重性分析

食品安全风险结局的严重性主要通过风险指标的致病性和潜伏期特点进行评价，详见表 4-2。镉、铅、总砷等重金属污染物具有蓄积性，薯类和膨化食品中的重金属超标主要源于生产原辅料和食品接触材料带入。长期食用重金属含量超标的产品会造成器官损伤甚至死亡[①]，因此致病性为高度（▲▲▲▲）。正常污染情况下，铅需要长期摄入才会造成危害，属于慢性毒性因而潜伏期很长（◆），因此主要污染物综合判断风险结局严重性为水平3。

大肠菌群、菌落总数和霉菌等微生物指标，是用以判定食品被细菌污染的程度，反映食品新鲜程度和卫生状况的微生物指标之一。菌落总数和霉菌超标说明其产品的卫生状况欠佳，容易腐败变质。大肠菌群指示食品被致病菌（如沙门氏菌、志贺氏菌、致病性大肠杆菌）污染的可能性较大。[②] 霉菌有着极强的繁殖能力，霉变的食品产生的真菌毒素会引起不同程度的中毒。微生物超标往往会引起呕吐、腹泻、肠胃感染等，致病性一般为低度（▲▲）或中度（▲▲▲），一般具有潜伏期短的特点（◆◆◆）[③]，且往往一天之内出现症状[④]，整体评价其风险结局严重性为水平3。生物毒素中黄曲霉毒素 B_1 毒性最大、致病性最强（▲▲▲▲▲），但其往往潜伏期较长（◆◆），综合评价其风险结局严重性为水平4。

《中国居民膳食铝暴露风险评估》指出，我国日常膳食中的含铝食品对一般居民健康造成不良影响的可能性不大，但对于长期食用高铝食品的消费者应予以关注。[⑤] 食品添加剂常见不合格因素中还包括脱氢乙酸及其钠盐、山梨酸及其钾盐、环已基氨基磺酸（甜蜜素）。脱氢乙酸及其钠盐是一种广泛使用的可有效抑制霉菌的防腐剂，长期摄入可能会引起肝、肾和中枢神经系统损伤。随着对其危害性研究的增多，美国、欧盟等国家和地区已经几乎放弃在食品中使用脱氢乙酸钠。另外，长期摄入山梨酸在一定程度上会抑制骨骼生长，危害肝肾健康。食品添加剂一般经过食品安全风险评估，致病性极低（▲）、潜伏期极长（◆），其风险结局严重性均为水平1。

---

① 王慧、毛伟峰、蒋定国等：《中国居民水产品中四种常见重金属暴露评估》，载《中国食品卫生杂志》2019年第31卷第5期，第470~475页。

② 赵娅柔、张秀宇、左敏等：《2016—2019年前三季度我国乳制品监督抽检结果分析》，载《食品安全质量检测学报》2021年第12卷第3期，第1184~1191页。

③ 白莉、王晔茹、王彝白纳等：《我国食品微生物风险评估的进展和挑战》，载《中国食品卫生杂志》2020年第32卷第6期，第598~603页。

④ 陶庆会、杨雪、宋玉洁等：《2017~2019年全国食品安全抽检情况分析》，载《食品工业科技》2021年第42卷第7期，第9页。

⑤ 马宁：《中国居民膳食铝暴露风险评估》，首届管理毒理与风险评估培训班培训资料，[出版者不详] 2015年版，第228~234页。

表 4-2 薯类和膨化食品风险结局严重性分级

安全指标项目		致病性	潜伏期	风险结局严重性
污染物	铅（以 Pb 计）	▲▲▲▲	◆	3
微生物	菌落总数	▲▲	◆◆◆	3
	大肠菌群	▲▲▲	◆◆◆	3
	霉菌	▲▲	◆◆◆	3
食品添加剂	铝的残留量（干样品，以 Al 计）	▲	◆	1
	甜蜜素（以环己基氨基磺酸计）	▲	◆	1
	糖精钠	▲	◆	1
	脱氢乙酸及其钠盐（以脱氢乙酸计）	▲	◆	1
	安赛蜜	▲	◆	1
	山梨酸及其钾盐（以山梨酸计）	▲	◆	1
	二氧化硫残留量	▲	◆	1
	苯甲酸及其钠盐（以苯甲酸计）	▲	◆	1
	特丁基对苯二酚（TBHQ）	▲	◆	1
	柠檬黄及其铝色淀	▲	◆	1
	日落黄及其铝色淀	▲	◆	1
	苋菜红及其铝色淀	▲	◆	1
	二丁基羟基甲苯	▲	◆	1
	二氧化钛	▲	◆	1
	相同色泽着色剂混合使用时各自用量占其最大使用量的比例之和	▲	◆	1
生物毒素	黄曲霉毒素 B_1	▲▲▲▲▲	◆◆	4

（三）风险评估分级

大型活动中薯类和膨化食品的食品安全风险评估分级详见表 4-3。其中，黄曲霉毒素 B_1 因为风险发生可能性为 c 级和风险结局严重性为水平 4，综合评价为极严重风险（E 级）。除了加工过程中真菌污染的控制，谷类、薯类等膨化食品原辅料、调味品以及食品添加剂的质量控制非常重要。

其次是重金属污染，铅风险发生可能性为 c 级和风险结局严重性为水平 3，综合评价为高危险度风险（H 级）。膨化食品加工过程中设备和管道中的重金属在高温条件下会有迁移至食品中的风险，但随着近几年食品加工机械的技术升级，多数膨化食品解决了铅超标的问题。薯类和膨化食品的铅主要是来源于原辅料、调味品和食品添加剂的带入。相关生产企业需要加强对原辅料的质量控制，严把原料关。

微生物指标中的菌落总数、大肠菌群和霉菌的风险发生可能性较高，为 b 级和 c 级，风险结局严重性较高，为水平 3，综合达到高危险度风险（H 级）。微生物指标超标主要来自产品的加工原料、包装材料受污染，或在生产过程中产品受人员、工作器具等生产设备、环境的污染，有灭菌工艺的产品灭菌不彻底而导致。

其他，如铝残留量、甜蜜素和糖精钠存在中等危险度风险（M 级），其余食品添加剂都在低危险度风险（L 级），详见表 4-3。

表 4-3　大型活动中薯类和膨化食品的食品安全风险评估分级

安全指标项目		风险发生可能性	风险结局严重性	综合评价
污染物	铅（以 Pb 计）	c	3	H
微生物	菌落总数	b	3	H
	大肠菌群	b	3	H
	霉菌	c	3	H
食品添加剂	铝的残留量（干样品，以 Al 计）	b	1	M
	甜蜜素（以环己基氨基磺酸计）	b	1	M
	糖精钠	b	1	M
	脱氢乙酸及其钠盐（以脱氢乙酸计）	c	1	L
	安赛蜜	c	1	L
	山梨酸及其钾盐（以山梨酸计）	c	1	L
	二氧化硫残留量	c	1	L
	苯甲酸及其钠盐（以苯甲酸计）	c	1	L
	特丁基对苯二酚（TBHQ）	c	1	L
	柠檬黄及其铝色淀	c	1	L
	日落黄及其铝色淀	c	1	L
	苋菜红及其铝色淀	c	1	L

续表

安全指标项目		风险发生可能性	风险结局严重性	综合评价
食品添加剂	二丁基羟基甲苯	c	1	L
	二氧化钛	c	1	L
	相同色泽着色剂混合使用时各自用量占其最大使用量的比例之和	c	1	L
生物毒素	黄曲霉毒素 B_1	c	4	E

（四）相关保障政策措施

食品原料是最重要的因素，其污染物类型和污染水平都会对食品质量和食品安全产生直接影响。因此，企业应当严把原料关，对原辅料、食品添加剂的质量加以管理，并建立相应的质量管理制度系统。

食品加工过程是产生食物污染物的关键阶段，企业应当在食物制造有关标准和规程的约束下，保证食物加工过程的规范化和科学化，提升食物加工生产的规范化和流程化管理水平。严控食品加工流程，强化食品安全检查，形成食物污染物的闭环管理，切实遏制各种非法操作行为。

目前，可以进行食物环境污染管理和安全监测的新技术较多。应当坚持对监测技术方案的系列化、整体化、协调化发展方针，把现代化的食品安全监测理念渗透到食品环境污染管理和食品卫生安全控制全过程，逐步形成更加完备可信的现代食物监测技术系统。

二、淀粉及淀粉制品的食品安全风险评估及分级

（一）风险发生可能性分析

风险发生可能性通过各类产品和指标项目的不合格频率综合评价分级。2015—2019 年，全国淀粉及淀粉制品抽检数据有 28648 批次，整体不合格有 1059 批次，与其他各类食品相比不合格率较高（不合格率为 3. 70%），风险等级为高度（★★★★）。

主要的不合格指标为食品添加剂、微生物和污染物，详见表 4-4。其中，

食品添加剂的铝残留量、二氧化硫残留量指标风险极高（●●●●●）。明矾以及其他含铝添加剂的过量使用是导致铝残留量超标的重要原因[①]，部分淀粉制品超限量使用食品添加剂，导致二氧化硫的残留量超标[②]。以上两项指标综合风险发生可能性均为 a 级。柠檬黄及其铝色淀、日落黄及其铝色淀均处于中度风险（●●●），综合风险发生可能性均为 b 级。微生物中菌落总数、霉菌和酵母指标风险极高（●●●●●），综合风险发生可能性均为 a 级。大肠菌群处于高度风险（●●●●），综合风险发生可能性为 b 级。微生物指标中菌落总数和大肠菌群作为产品污染指示菌，能够反映产品加工运输过程中的卫生状况。[③] 污染物中铅处于中度风险（●●●），综合风险发生可能性为 b 级。其余食品添加剂指标综合风险发生可能性均为 c 级。整体上，微生物污染和食品添加剂超标发生概率较高。

表 4-4 淀粉及淀粉制品风险发生可能性分级

产品及风险等级	安全指标项目		指标风险等级	风险发生可能性
淀粉及其淀粉制品★★★★	食品添加剂	铝的残留量（干样品，以 Al 计）	●●●●●	a
		二氧化硫残留量	●●●●●	a
		柠檬黄及其铝色淀	●●●	b
		日落黄及其铝色淀	●●●	b
		山梨酸及其钾盐（以山梨酸计）	●●	c
		苯甲酸及其钠盐（以苯甲酸计）	●●	c
		苋菜红及其铝色淀	●●	c
		亮蓝及其铝色淀	●●	c
		亚硫酸盐	●●	c
		糖精钠	●●	c
	微生物	菌落总数	●●●●●	a

① 尹玉云、郭旭光、王潇：《河南省淀粉及淀粉制品抽检监测情况及问题分析》，载《现代食品》2019 年第 12 期，第 192~196 页。

② 边增雨：《淄博 3 家商超销售的淀粉制品二氧化硫残留量超标》，载《广西质量监督导报》2016 年第 6 期，第 24~25 页。

③ 崔华、王松山、李森等：《部分市售粮食制品微生物污染状况监测分析》，载《中国粮油学报》2022 年 7 月 21 日，第 1~11 页。

续表

产品及风险等级	安全指标项目		指标风险等级	风险发生可能性
淀粉及其淀粉制品★★★★	微生物	霉菌和酵母	●●●●●	a
		大肠菌群	●●●●	b
	污染物	铅（以 Pb 计）	●●●	b

（二）风险结局严重性分析

食品安全风险结局的严重性主要通过风险指标的致病性和潜伏期特点进行评价，详见表 4-5。淀粉制品在原材料准备、生产加工、包装和运输等过程中，均可能带来有毒有害的重金属污染。[①] 其中，重金属污染物铅具有蓄积性，过多摄入重金属含量超标的食品，或长期食用会对人体健康造成巨大损害。淀粉及淀粉制品中铅的致病性较高（▲▲▲▲），潜伏期很长（◆）。铅及其化合物进入机体后会对神经、肾脏、内分泌等多个系统造成损伤，还会导致儿童出现多动、智力低下等现象。[②] 污染物铅风险结局严重性为水平 3。

大肠菌群、菌落总数等是用以判定食品被细菌污染的程度，反映食品新鲜程度和卫生状况的微生物指标。菌落总数、霉菌和酵母超标说明其产品的卫生状况欠佳，容易腐败变质。大肠菌群超标说明食品被致病菌（如沙门氏菌、志贺氏菌、致病性大肠杆菌）污染的可能性较大。[③] 霉菌有着极强的繁殖能力，霉变食品产生的真菌毒素会引起不同程度的中毒。微生物指标超标往往会引起呕吐、腹泻、肠胃感染等，致病性一般为低度（▲▲）或中度（▲▲▲），具有潜伏期短的特点（◆◆◆）[④]，且往往一天之内出现症状[⑤]，整体评价其风险结局严重性为水平 3。

① 谢冉阳：《微波消解-电感耦合等离子体质谱法测定淀粉制品中的铬、铅、铝、镍、铁》，载《化学分析计量》2018 年第 27 卷第 5 期，第 88~91 页。

② 王丽娟：《粮食中重金属铅污染的现状及对人体的危害》，载《河南科技》2020 年第 10 期，第 148~149 页。

③ 赵娅柔、张秀宇、左敏等：《2016—2019 年前三季度我国乳制品监督抽检结果分析》，载《食品安全质量检测学报》2021 年第 12 卷第 3 期，第 1184~1191 页。

④ 白莉、王晔茹、王彝白纳等：《我国食品微生物风险评估的进展和挑战》，载《中国食品卫生杂志》2020 年第 32 卷第 6 期，第 598~603 页。

⑤ 陶庆会、杨雪、宋玉洁等：《2017~2019 年全国食品安全抽检情况分析》，载《食品工业科技》2021 年第 42 卷第 7 期，第 231~239 页。

淀粉及淀粉制品中因为食品添加剂导致不合格的原因主要包括铝残留量、二氧化硫残留量、柠檬黄及其铝色淀、日落黄及其铝色淀。一些淀粉制品的生产加工者在加工制作过程中会超限量使用含铝食品添加剂①，《中国居民膳食铝暴露风险评估》指出，我国日常膳食中的含铝食品对一般居民健康造成不良影响的可能性不大，但对于长期食用高铝食品的消费者应予以关注。② 摄入过量的含铝食品，会影响脑细胞的功能，从而影响和干扰人的意识和记忆功能，造成老年痴呆症。淀粉及淀粉制品中铝残留的致病性很低（▲），潜伏期很长（◆）。淀粉制品中二氧化硫主要来源于硫黄的熏制处理，硫黄燃烧产生二氧化硫，遇水形成亚硫酸，可抑制食品中的氧化酶，防止食品褐变。该反应还可阻断微生物的正常生理氧化过程，抑制微生物繁殖，从而起到防腐作用。③ 在食品加工过程中使用二氧化硫可能会使二氧化硫以游离态和结合型 SO_3^{2-} 的形式残留，当摄入过量具有一定毒性的亚硫酸盐后可能会出现恶心、呕吐等不良反应，长期摄入还会对肝脏等造成严重的损伤。④ 淀粉及淀粉制品中二氧化硫残留量的致病性很低（▲），潜伏期很长（◆）。柠檬黄及其铝色淀、日落黄及其铝色淀常被用作色素添加到食品中，而在大量食用的淀粉类制品中是不允许添加合成色素的。不法商贩为了降低成本，以假乱真，在各类淀粉制品中违法添加各类合成色素。而合成色素都是以苯、甲苯和萘蒽等化工有毒品经各种化学反应合成的，大量食用会对人身体健康造成潜在危害。⑤ 此外，过量食用铝色淀色素可能会引起过敏反应、哮喘、多动症等不良反应。⑥ 淀粉及淀粉制品中柠檬黄及其铝色淀、日落黄及其铝色淀的致病性很低（▲），潜伏期很长（◆），以上这些因素评估其风险结局严重性均为水平 1。

---

① 徐玲萍、刘秀群、张芳芳等：《高效测定淀粉制品中铝含量的分光光度法》，载《中国食品添加剂》2019 年第 30 卷第 11 期，第 173~177 页。

② 马宁：《中国居民膳食铝暴露风险评估》，首届管理毒理与风险评估培训班培训资料，[出版者不详] 2015 年版，第 228~234 页。

③ 刘稼骏：《说说淀粉制品相关指标》，载《监督与选择》2006 年第 11 期，第 46 页。

④ 康琴：《食品中二氧化硫的检测》，长春大学 2021 年硕士学位论文。

⑤ 吕东明、丁云连、詹晟等：《常见淀粉制品中合成色素的改进测定法》，载《食品安全质量检测学报》2012 年第 3 卷第 3 期，第 205~208 页。

⑥ 曹帅：《食品中铝色淀检测方法的开发》，天津科技大学 2016 年硕士学位论文。

表 4-5　淀粉及淀粉制品风险结局严重性分级

安全指标项目		致病性	潜伏期	风险结局严重性
食品添加剂	铝的残留量（干样品，以 Al 计）	▲	◆	1
	二氧化硫残留量	▲	◆	1
	柠檬黄及其铝色淀	▲	◆	1
	日落黄及其铝色淀	▲	◆	1
	山梨酸及其钾盐（以山梨酸计）	▲	◆	1
	苯甲酸及其钠盐（以苯甲酸计）	▲	◆	1
	苋菜红及其铝色淀	▲	◆	1
	亮蓝及其铝色淀	▲	◆	1
	亚硫酸盐	▲	◆	1
	糖精钠	▲	◆	1
微生物	菌落总数	▲▲	◆◆◆	3
	霉菌和酵母	▲▲	◆◆◆	3
	大肠菌群	▲▲▲	◆◆◆	3
污染物	铅（以 Pb 计）	▲▲▲▲	◆	3

（三）风险评估分级

大型活动中淀粉及淀粉制品的食品安全风险评估分级详见表 4-6。淀粉及淀粉制品中微生物指标风险较高，其中，菌落总数与霉菌和酵母因较高的风险发生可能性（a 级）和风险结局严重性（3 级），综合评价为极严重风险（E 级）。其次是大肠菌群，达到高危险度风险（H 级）。微生物指标超标主要来自产品的加工原料、包装材料受污染，或在生产过程中产品受人员、加工器具等生产设备、环境的污染，有灭菌工艺的产品灭菌不彻底而导致。

重金属污染物中铅超标的风险发生可能性为 b 级，风险结局严重性水平 3，综合评价在高危险度风险（H 级）。污染物指标超标可能是由于原料种植环境受到周边环境污染，生产、包装、运输环境卫生不佳。因此，需要加强对原料种植基地的环境和灌溉用水污染控制，并严格控制生产加工、包装、运输过程中的卫生情况。

食品添加剂中铝残留量与二氧化硫残留量的风险发生可能性均为 a 级，风险结局严重性均为水平 1，综合评价均为高危险度风险（H 级）。柠檬黄及其铝色淀与日落黄及其铝色淀的风险发生可能性均为 b 级，风险结局严重性均为水平 1，综合评价均为中等危险度风险（M 级）。其他食品添加剂都为低危险度风险（L 级）。

表 4-6　大型活动中淀粉及淀粉制品的食品安全风险评估分级

指标项目		风险发生可能性	风险结局严重性	综合评价
食品添加剂	铝的残留量（干样品，以 Al 计）	a	1	H
	二氧化硫残留量	a	1	H
	柠檬黄及其铝色淀	b	1	M
	日落黄及其铝色淀	b	1	M
	山梨酸及其钾盐（以山梨酸计）	c	1	L
	苯甲酸及其钠盐（以苯甲酸计）	c	1	L
	苋菜红及其铝色淀	c	1	L
	亮蓝及其铝色淀	c	1	L
	亚硫酸盐	c	1	L
	糖精钠	c	1	L
微生物	菌落总数	a	3	E
	霉菌和酵母	a	3	E
	大肠菌群	b	3	H
污染物	铅（以 Pb 计）	b	3	H

（四）相关保障政策措施

在标准制定方面，我国淀粉及淀粉制品现行有效的标准有：《食品安全国家标准　淀粉制品》（GB 2713-2015）、《食品安全国家标准　食用淀粉》（GB 31637-2016）、《淀粉及其衍生物二氧化硫含量的测定》（GB/T 22427.13-2008）、《绿色食品　淀粉及淀粉制品》（NY/T 1039-2014）等。

为预防淀粉及淀粉制品中菌落总数、大肠菌群、霉菌和酵母等不合格以及铅超标，应加强生产企业的卫生管理。从产品的源头出发，从原材料的运输、储存、加工、包装以及成品的运输与储存，每一个环节都加强卫生管理，防止产品遭受污染。同时，严格要求生产企业对食品添加剂的使用量，如含铝添加剂等，加强抽检与监管。严厉打击不法商贩，保障淀粉及淀粉制品的食品安全。

三、炒货及坚果制品的食品安全风险评估及分级

（一）风险发生可能性分析

自2015年至2019年，抽检炒货及坚果制品共计53176批次。其中，不合格有1937批次，不合格率为3.64%，整体风险等级为高度水平（★★★★）。不合格指标有微生物、食品添加剂、生物毒素、非法添加和污染物指标。不合格指标主要包括污染物、微生物和食品添加剂，与2016—2018年坚果炒货食品国家食品安全监督抽检结果基本相符。① 其中，污染物指标和非法添加指标风险发生可能性等级均为c级。微生物中霉菌和酵母不合格有286批次，食品添加剂二氧化硫残留量不合格有239批次，风险发生可能性等级均为a级。微生物中大肠菌群、食品添加剂中糖精钠以及生物毒素中黄曲霉毒素 B_1 等不合格指标风险发生可能性均为b级，其余微生物和食品添加剂指标风险发生可能性均为c级，详见表4-7。

表4-7 炒货及坚果制品的食品安全风险发生可能性分级

产品及风险等级	安全指标项目		指标风险等级	风险发生可能性
炒货及坚果制品★★★★	污染物	铅（以Pb计）	●●	c
		镉（以Cd计）	●●	c
		总砷（以As计）	●	c
	微生物	霉菌和酵母	●●●●●	a
		大肠菌群	●●●●	b
		菌落总数	●●	c
		金黄色葡萄球菌	●●	c

① 刘敏、邢书霞、吕冰峰等：《2016~2018年坚果炒货食品国家食品安全监督抽检结果分析》，载《食品安全质量检测学报》2020年第4期。

续表

产品及风险等级	安全指标项目		指标风险等级	风险发生可能性
炒货及坚果制品★★★★	食品添加剂	二氧化硫残留量	●●●●●	a
		糖精钠	●●●	b
		甜蜜素（以环己基氨基磺酸计）	●●	c
		胭脂红及其铝色淀	●●	c
		苯甲酸及其钠盐（以苯甲酸计）	●●	c
		脱氢乙酸及其钠盐（以脱氢乙酸计）	●●	c
		柠檬黄及其铝色淀	●●	c
		乙二胺四乙酸二钠钙（EDTA）	●●	c
		山梨酸及其钾盐（以山梨酸计）	●●	c
		没食子酸丙酯（PG）（以油脂中的含量计）	●	c
		铝的残留量（干样品，以 Al 计）	●	c
		纽甜	●	c
	生物毒素	黄曲霉毒素 B_1	●●●●	b
	非法添加	滑石粉	●●	c
		罗丹明 B	●	c

（二）风险结局严重性分析

食品安全风险结局的严重性主要通过风险指标的致病性和潜伏期特点进行评价，详见表 4-8。镉、铅、总砷等重金属污染物具有蓄积性①，炒货及坚果制品中的重金属超标主要源于土壤或灌溉用水受到工业污染。长期食用重金属含量超标的产品会造成器官损伤甚至死亡，因此致病性较高（▲▲▲▲）。正常污染情况下，除砷以外的重金属污染需要长期摄入才能造成危害，属于慢性毒性，因而潜伏期很长（◆），因此综合判断其风险结局严重性为水平 3。而重金属砷过量摄入，通常在数天之内即表现出中毒症状，其潜伏期常为数天，呈中度风险（◆◆◆），因此综合判断砷风险结局严重性为水平 4。

霉菌和酵母、大肠菌群、菌落总数和金黄色葡萄球菌等是用以判定食品被

① 周娜、白艳艳、陈丽惠等：《厦门市售坚果中重金属元素和黄曲霉毒素含量的测定及质量安全评价》，载《中国卫生检验杂志》2014 年第 15 期。

微生物污染的程度①、反映食品新鲜程度和卫生状况的微生物指标。霉菌污染可使食品腐败变质，破坏食品的色、香、味，降低食品的食用价值。酵母菌是一种发酵菌，可添加到某些食品中用以食品发酵。如果使用量超标，会引起食品的过度发酵导致腐败变质。人体摄入过多的酵母菌，会引发急性腹泻等疾病。因此，霉菌和酵母的致病性为低度（▲▲），潜伏期为中度（◆◆◆），综合判断霉菌和酵母风险结局严重性为水平 3。大肠菌群是衡量食品卫生状况的重要微生物指标。大肠菌群超标说明食品卫生质量堪忧，存在被肠道致病菌（如沙门氏菌、志贺氏菌、致泻大肠埃希氏菌）污染的可能性较大。食用大肠菌群超标的食品可能会导致腹泻，严重的可能还会引起呕吐等症状。因此，其致病性为中度（▲▲▲），潜伏期为中度（◆◆◆），综合判断大肠菌群风险结局严重性为水平 3。菌落总数可用来判定食品被细菌污染的程度及卫生质量，它反映食品在生产过程中是否符合卫生要求。菌落总数在一定程度上标志着食品卫生质量的优劣。食用菌落总数超标的食品，可能会引起急性中毒、呕吐、腹泻等症状，其致病性为中度（▲▲▲），潜伏期为中度（◆◆◆），综合判断菌落总数风险结局严重性为水平 3。金黄色葡萄球菌是常见的食源性致病微生物，其繁殖过程中产生的肠毒素是引发食物中毒的致病因子。国际食品微生物标准委员会（ICMSF）结合金黄色葡萄球菌的健康危害程度和相关食品的食用条件，评价食品中的金黄色葡萄球菌的致病性为中度（▲▲▲）。感染金黄色葡萄球菌后，常在一天以内发病，潜伏期较短（◆◆◆◆），综合判断金黄色葡萄球菌风险结局严重性为水平 4。

二氧化硫是食品加工中常用的漂白剂和防腐剂，使用后会产生二氧化硫残留。二氧化硫进入人体后最终转化为硫酸盐并随尿液排出体外，少量摄入不会对身体带来健康危害，但若过量食用可能引起如恶心、呕吐等胃肠道反应。其致病性极低（▲），潜伏期极长（◆），可达数年之久，综合判断二氧化硫风险结局严重性为水平 1。糖精钠是一种普遍使用的人工合成甜味剂，在人体内不被吸收，也不产生热量，大部分经肾排出而不损害肾功能。但如果长期摄入糖精钠超标的食品，可能会影响胃肠消化酶的正常分泌，降低小肠的吸收能力，使食欲减退。甜蜜素，化学名称为环己基氨基磺酸钠，是食品生产中常用的甜味剂之一，其甜度是蔗糖的 40~50 倍。长期摄入甜蜜素超标的食品，可能

① 陈晓燕、施家威、黎海涛等：《基于层次分析法的食品微生物安全风险评价体系研究》，载《食品安全质量检测学报》2021 年第 7 期。

对人体的肝脏和神经系统造成一定危害。山梨酸及其钾盐抗菌性强，防腐效果好，是目前应用非常广泛的食品防腐剂。长期食用山梨酸及其钾盐超标的食品，可能对肝脏、肾脏、骨骼生长造成危害。铝不是人体必需的微量元素，不参与正常生理代谢。但其具有蓄积性，过量摄入会影响人体对铁、钙等成分的吸收，导致骨质疏松、贫血，甚至影响神经细胞的发育。含铝食品添加剂，如硫酸铝钾（又名钾明矾）、硫酸铝铵（又名铵明矾）等，可在食品中作为膨松剂、稳定剂使用，使用后会产生铝残留。含铝食品添加剂按标准使用不会对健康造成危害，但长期食用铝超标的食品会导致运动和学习记忆能力下降，影响儿童智力发育。关于胭脂红及其铝色淀，《食品安全国家标准　食品添加剂使用标准》（GB 2760-2014）中规定了胭脂红及其铝色淀适用的食品范围不包括炒货及坚果制品。乙二胺四乙酸二钠钙作为食品添加剂广泛用作稳定剂、抗氧化剂、防腐剂等，可防止金属离子引起的变色、变质、变浊及维生素的氧化损失。乙二胺四乙酸二钠钙可对黏膜、上呼吸道、眼睛和皮肤等产生刺激作用，长期大量食用乙二胺四乙酸二钠钙超标的食品可能会对人体健康产生一定影响。苯甲酸及其钠盐是食品工业中常用的一种防腐剂，对霉菌、酵母菌和细菌有较好的抑制作用。长期食用苯甲酸及其钠盐超标的食品，可能会造成肝脏累积性中毒，危害肝脏健康。脱氢乙酸及其钠盐作为一种广谱食品防腐剂，对霉菌和酵母的抑制能力强。脱氢乙酸及其钠盐能被人体完全吸收，并能抑制人体内的多种氧化酶，长期过量摄入脱氢乙酸及其钠盐会危害人体健康。柠檬黄又名食用黄色 4 号，水溶性偶氮类化合物，是常见的人工合成着色剂，在食品生产中应用广泛。如果长期摄入柠檬黄超标的食品，可能会对人体肝脏等造成损害。以上食品添加剂致病性极低（▲），通常潜伏期极长（◆），综合评价上述食品添加剂风险结局严重性为水平 1。

黄曲霉毒素 B_1 是一种强致癌性的化学物质，是一类比较稳定的真菌毒素。黄曲霉毒素 B_1 可在人体和动物体内引起肝炎、肝硬化、肝坏死等病变，严重时可引起肝癌。黄曲霉毒素 B_1 摄入严重甚至会引起死亡①，其致病性极高（▲▲▲▲▲），潜伏期较长（◆◆），综合评价黄曲霉毒素 B_1 风险结局严重性为水平 4。

滑石粉的成分为水合硅酸镁，是一种无机盐类。世界卫生组织国际癌症研究机构于 2017 年 10 月 27 日公布的“致癌物清单”中将不含石棉或石棉状纤

① 汪英：《炒货食品氧化霉变的原因及解决措施》，载《现代食品》2019 年第 13 期。

维的滑石粉定义为3类致癌物，即存在对人类致癌可能性，但尚无充分的人体或动物实验数据。将含滑石粉的爽身粉（会阴使用）定义为2B类致癌物，即对人类致癌性证据有限，对实验动物致癌性证据不充分。或对人类致癌性证据不足，对实验动物致癌性证据充分。罗丹明B又称玫瑰红B或碱性玫瑰精，是一种化学染料，长期大量摄入或吸入以及皮肤接触该物质可能造成急性或慢性中毒。滑石粉和罗丹明B引起的症状为腹泻或呕吐，无须住院，致病性为低度（▲▲），潜伏期较长（◆◆），综合评价述滑石粉和罗丹明B的风险结局严重性为水平2。

表4-8　炒货及坚果制品的食品安全风险结局严重性分级

安全指标项目		致病性	潜伏期	风险结局严重性
污染物	铅（以Pb计）	▲▲▲▲	◆	3
	镉（以Cd计）	▲▲▲▲	◆	3
	总砷（以As计）	▲▲▲▲	◆◆◆	4
微生物	霉菌和酵母	▲▲	◆◆◆	3
	大肠菌群	▲▲▲	◆◆◆	3
	菌落总数	▲▲▲	◆◆◆	3
	金黄色葡萄球菌	▲▲▲	◆◆◆◆	4
食品添加剂	二氧化硫残留量	▲	◆	1
	糖精钠	▲	◆	1
	甜蜜素（以环己基氨基磺酸计）	▲	◆	1
	胭脂红及其铝色淀	▲	◆	1
	苯甲酸及其钠盐（以苯甲酸计）	▲	◆	1
	脱氢乙酸及其钠盐（以脱氢乙酸计）	▲	◆	1
	柠檬黄及其铝色淀	▲	◆	1
	乙二胺四乙酸二钠钙（EDTA）	▲	◆	1
	山梨酸及其钾盐（以山梨酸计）	▲	◆	1
	没食子酸丙酯（PG）（以油脂中的含量计）	▲	◆	1
	铝的残留量（干样品，以Al计）	▲	◆	1
	纽甜	▲	◆	1
生物毒素	黄曲霉毒素B_1	▲▲▲▲▲	◆◆	4

续表

安全指标项目		致病性	潜伏期	风险结局严重性
非法添加	罗丹明 B	▲▲	◆◆	2
	滑石粉	▲▲	◆◆	2

（三）风险评估分级

大型活动中炒货及坚果制品的食品安全风险评估分级详见表 4-9。炒货及坚果制品中污染物风险较高，其中总砷因为较高的风险发生可能性（c 级）和较大的风险结局严重性（4 级），综合评价为极严重风险（E 级）。铅和镉因为较高的风险发生可能性（c 级）和中等风险结局严重性（3 级），综合评价为高危险度风险（H 级）。农作物在种植时，受到污染的水源和土壤会影响农作物生长，吸收和富集重金属，进而影响原料坚果质量。因此，对原料坚果质量的严格把控是防控炒货及坚果制品重金属污染的关键环节。

炒货及坚果制品中微生物风险较高。其中，霉菌和酵母因为极高的风险发生可能性（a 级）和中等风险结局严重性（3 级），综合评价为极严重风险（E 级）。金黄色葡萄球菌因为较高风险发生可能性（c 级）和较大的风险结局严重性（4 级），综合评价为极严重风险（E 级）。大肠菌群和菌落总数，分别因为高风险发生可能性（b 级）、较高风险发生可能性（c 级）和中等风险结局严重性（3 级），综合评价为高危险度风险（H 级）。炒货及坚果制品中微生物超标原因可能是产品的加工原料、包装材料受到污染，或熟制过程中温度不够，细菌未完全杀灭，或在生产过程中产品受人员卫生、加工器具等生产设备、环境的污染。因此，对生产过程各环节的严格消杀是控制炒货及坚果制品微生物污染的关键。

与霉菌和酵母在炒货及坚果制品中评估为极严重风险（E 级）相符的是，炒货及坚果制品中黄曲霉毒素 B_1 因为高风险发生可能性（b 级）和较大的风险结局严重性（4 级），综合评价为极严重风险（E 级）。造成黄曲霉毒素 B_1 不合格的原因，可能是由于原料在生长、收获或储运环节发生污染，企业采购时把关不严，也可能是产品加工过程中工艺控制不当。

炒货及坚果制品中食品添加剂指标糖精钠，因为极高的风险发生可能性（a 级）和可忽略的风险结局严重性（1 级），综合评价为高危险度风险（H 级）。甜蜜素因为高风险发生可能性（b 级）和可忽略的风险结局严重性（1

级），综合评价为中等危险度风险（M 级）。其他食品添加剂指标胭脂红及其铝色淀、苯甲酸及其钠盐、脱氢乙酸及其钠盐、柠檬黄及其铝色淀、乙二胺四乙酸二钠钙、山梨酸及其钾盐、没食子酸丙酯（PG）、铝的残留量和纽甜，均因为较高的风险发生可能性（c 级）和可忽略的风险结局严重性（1 级），综合评价为低危险度风险（L 级）。炒货及坚果制品中二氧化硫残留量超标较为严重，建议加强对炒货食品及坚果制品中二氧化硫残留量的监测力度。

炒货及坚果制品中非法添加指标滑石粉和罗丹明 B，因为较高的风险发生可能性（c 级）和中等的风险结局严重性（2 级），综合评价为中等危险（M 级）。建议加强对炒货食品及坚果制品中滑石粉和罗丹明 B 的监测力度。

表 4-9　大型活动中炒货及坚果制品的食品安全风险评估分级

指标项目		风险发生可能性	风险结局严重性	综合评价
污染物	铅（以 Pb 计）	c	3	H
	镉（以 Cd 计）	c	3	H
	总砷（以 As 计）	c	4	E
微生物	霉菌和酵母	a	3	E
	金黄色葡萄球菌	c	4	E
	大肠菌群	b	3	H
	菌落总数	c	3	H
食品添加剂	二氧化硫残留量	a	1	H
	糖精钠	a	1	H
	甜蜜素（以环己基氨基磺酸计）	b	1	M
	胭脂红及其铝色淀	c	1	L
	苯甲酸及其钠盐（以苯甲酸计）	c	1	L
	脱氢乙酸及其钠盐（以脱氢乙酸计）	c	1	L
	柠檬黄及其铝色淀	c	1	L
	乙二胺四乙酸二钠钙（EDTA）	c	1	L
	山梨酸及其钾盐（以山梨酸计）	c	1	L
	没食子酸丙酯（PG）（以油脂中的含量计）	c	1	L
	铝的残留量（干样品，以 Al 计）	c	1	L
	纽甜	c	1	L

续表

指标项目		风险发生可能性	风险结局严重性	综合评价
生物毒素	黄曲霉毒素 B_1	b	4	E
非法添加	罗丹明 B	c	2	M
	滑石粉	c	2	M

（四）相关保障政策措施

为保障坚果与炒货行业健康有序发展，我国出台了一系列相关质量与安全标准。现行有效的国家标准及国家推荐性标准有《食品安全国家标准　坚果与籽类食品》（GB 19300-2014）、《坚果炒货食品通则》（GB/T 22165-2008）、《坚果与籽类炒货食品良好生产规范》（GB/T 29647-2013）、《农产品基本信息描述　坚果类》（GB/T 37111-2018）、《阿月浑子（开心果）坚果质量等级》（GB/T 40631-2021）和《核桃坚果质量等级》（GB/T 20398-2021）等。这一系列标准严格定义了坚果炒货及其相关产品的概念，并对坚果及炒货的原料、感官、理化、污染物、真菌毒素、农药残留、微生物和食品添加剂等作出具体或限量要求。同时，规定了部分限量指标的监测方法，以保证我国坚果与炒货行业从生产原料到相关终产品都有相关标准可执行。

2019 年，国务院先后出台三项与坚果炒货密切相关的政策，为坚果炒货发展奠定了重要政策基础。中央网信办发布了关于坚果炒货管理的文件，该文件针对坚果炒货业务形态，明确了互联网资源协作服务业务的概念，相关市场管理政策相继配套出台。工信部于 2019 年发布了《坚果炒货发展三年行动计划（2019—2021 年）》，提出了我国坚果炒货发展的指导思想、基本原则、发展目标、重点任务和保障措施等。

四、方便食品的食品安全风险评估及分级

（一）风险发生可能性分析

经统计，2015—2019 年共抽检方便食品 33350 批次，其中不合格 1514 批次，不合格率为 4.54%，风险等级为高度（★★★★）。其中，微生物、食品

添加剂以及污染物是主要的不合格指标。因微生物指标不合格的方便食品达到1027批次，其中菌落总数、霉菌和酵母指标风险极高（●●●●●），风险发生可能性达到a级。大肠菌群指标风险较高（●●●●），风险发生可能性为b级。食品添加剂中也有部分指标风险较高（●●●●），风险发生可能性为b级别。食品添加剂超标问题在方便食品中最易发生在其加工过程，由于高温、被氧化等原因，食物可能会失去原有的色泽，变得黯淡无光。因而，为了改变这一问题，增加消费者的食欲，可以添加一些食品色素，以改变方便食品的色泽，而对于色素的添加量是有一定要求的。但是在市面上存在一些商家为了使食品的色泽更加亮丽有光泽，添加了过量的色素，方便食品中此现象更加突出，详见表4-10。

表4-10　方便食品风险发生可能性分级

产品及风险等级	安全指标项目		指标风险等级	风险发生可能性
方便食品★★★★	污染物	铅（以Pb计）	●●●	b
		亚硝酸盐	●●	c
	微生物	菌落总数	●●●●●	a
		霉菌和酵母	●●●●●	a
		大肠菌群	●●●●	b
		蜡样芽孢杆菌	●●	c
		沙门氏菌	●	c
		金黄色葡萄球菌	●	c
	食品添加剂	脱氢乙酸及其钠盐（以脱氢乙酸计）	●●●●	b
		甜蜜素（以环己基氨基磺酸计）	●●●●	b
		山梨酸及其钾盐（以山梨酸计）	●●●●	b
		安赛蜜	●●●	b
		糖精钠	●●●	b
		柠檬黄及其铝色淀	●●●	b
		日落黄及其铝色淀	●●	c
		铝的残留量（干样品，以Al计）	●●	c
		亮蓝及其铝色淀	●●	c

续表

产品及风险等级	安全指标项目		指标风险等级	风险发生可能性
方便食品★★★★	食品添加剂	胭脂红及其铝色淀	●●	c
		苯甲酸及其钠盐（以苯甲酸计）	●●	c
		防腐剂各自用量占其最大使用量比例之和	●●	c
		三氯蔗糖	●●	c
		苋菜红及其铝色淀	●●	c
		纳他霉素	●	c
	生物毒素	黄曲霉毒素 B_1	●●	c
	非法添加	富马酸二甲酯	●●	c

（二）风险结局严重性分析

方便食品中出现富马酸二甲酯超标问题。《食品中可能违法添加的非食用物质名单（第二批）》（食品整治办〔2009〕5号）规定，将富马酸二甲酯列为违法添加的非食用物质。富马酸二甲酯为白色鳞片状结晶体，稍有辛辣味，可溶于醇、醚、氯仿等溶剂中，微溶于水。该物质对霉菌有特殊的抑菌效果，常用于皮革、鞋类、纺织品等的生产、储存和运输。富马酸二甲酯具有较好的抗真菌能力，其效果优于丙酸盐、山梨酸及苯甲酸等酸性防腐剂。一些不法生产厂家就将其添加到食品中，不仅可使食品不易霉变、保质期长，而且色泽鲜艳。经科学证明，富马酸二甲酯易水解生成甲醇，对人体肠道、内脏产生腐蚀性损害。当该物质接触到皮肤后，会引发接触性皮炎，包括痛楚、发痒、刺激、发红和灼伤等症状。另外，长期食用还会对肝、肾有很大的副作用，尤其会对儿童的生长发育造成很大危害。根据其致病性较低（▲▲）和潜伏期较长（◆◆），综合分析风险结局严重性为水平2。

方便食品中微生物指标超标问题较为严重，微生物普遍具有致病性高和潜伏期短的特点，且微生物超标问题也较为常见，以至于方便食品中微生物指标风险结局严重性大多集中在水平3和水平4。导致方便食品微生物超标的原因，一方面是食品原料问题，另一方面是方便食品中不可或缺的调味料。方便食品一般会有粉末调味料、酱料调味包以及脱水蔬菜包。目前，除了一些大型企业，大部分二三线中小型企业，基本都是直接购买调料包，甚至有些企业为了降低成本，找小作坊加工调料包。很多小型食品厂生产环境恶劣，使用过期原料，以致生产出不合格的产品，严重影响了行业市场秩序，威胁消费者健康。菌落总数是指示性微生物，并非致病菌，主要用来评价食品清洁度，反映食品在生产过程中是否符合卫生要求。菌落总数超标可能是由于原料、包材或生产加工过程受到微生物污染，或在生产加工过程中人员、设备和环境的清洗消毒不到位，有灭菌工艺的产品灭菌不彻底等原因造成。

大肠菌群是国内外通用的食品污染常用指示菌之一，食品中检出大肠菌群，提示被致病菌污染的可能性较大。

霉菌属于真菌，在自然界中广泛存在。方便食品中霉菌超标可能是由于原料受到污染，或是在生产、储存、运输和销售过程中，卫生条件控制不当而导致产品被霉菌污染。因为霉菌和酵母的致病性为低度（▲▲），潜伏期中度（◆◆◆），霉菌和酵母的风险结局严重性为水平 3。

霉菌污染可使食品腐败变质，破坏食品的色、香、味，进而使食品失去食用价值，并产生真菌毒素危害人类健康。一部分批次的黄曲霉毒素 B_1 超标也有可能是霉菌污染所导致，根据黄曲霉毒素 B_1 的致病性极高（▲▲▲▲▲）、潜伏期较长（◆◆）的特点，黄曲霉毒素 B_1 的风险结局严重性为水平 4。

蜡样芽孢杆菌在我国细菌性食物中毒中居前三位，是一种需氧、有芽孢、无荚膜、能运动的革兰氏阳性杆菌。该菌广泛存在于自然环境，是引起食物中毒的常见致病菌。[①] 蜡样芽孢杆菌引起食物中毒的毒力因子主要为非溶血性毒素（NHE）、溶血性毒素（HBL）、细胞毒素 K、肠毒素 FM 及呕吐毒素（Cereulide）。溶血毒素和非溶血性毒素都是由 3 个亚基构成的大分子蛋白，是引起腹泻型食物中毒的主要原因。呕吐毒素是由（D-O-Leu-D-Ala-L-O-Val-L-Val）组成的十二肽，具有耐热、耐酸碱和耐蛋白酶的特点。该毒素可引起严重的横纹肌溶解或者肝功能衰竭等疾病，也是引起蜡样芽孢杆菌食物中毒的主要原因。根据其致病性极低（▲），以及潜伏期极短（◆◆◆◆◆），综合评价其风险结局严重性为水平 3，详见表 4-11。

① 刘淑惠：《一起由蜡样芽孢杆菌引起的食物中毒事件的调查报告》，载《医学动物防制》2016 年第 32 卷第 10 期，第 1178~1179 页。

表 4-11 方便食品的风险结局严重性分级

安全指标项目		致病性	潜伏期	风险结局严重性
污染物	铅（以 Pb 计）	▲▲▲▲	◆	3
	亚硝酸盐	▲▲▲	◆◆◆	3
微生物	菌落总数	▲▲	◆◆◆	3
	霉菌和酵母	▲▲	◆◆◆	3
	大肠菌群	▲▲▲	◆◆◆	3
	蜡样芽孢杆菌	▲	◆◆◆◆◆	3
	沙门氏菌	▲▲▲	◆◆◆◆	4
	金黄色葡萄球菌	▲▲▲	◆◆◆◆	4
食品添加剂	脱氢乙酸及其钠盐（以脱氢乙酸计）	▲	◆	1
	甜蜜素（以环己基氨基磺酸计）	▲	◆	1
	山梨酸及其钾盐（以山梨酸计）	▲	◆	1
	安赛蜜	▲	◆	1
	糖精钠	▲	◆	1
	柠檬黄及其铝色淀	▲	◆	1
	日落黄及其铝色淀	▲	◆	1
	铝的残留量（干样品，以 Al 计）	▲	◆	1
	亮蓝及其铝色淀	▲	◆	1
	胭脂红及其铝色淀	▲	◆	1
	苯甲酸及其钠盐（以苯甲酸计）	▲	◆	1
	防腐剂各自用量占其最大使用量比例之和	▲	◆	1
	三氯蔗糖	▲	◆	1
	苋菜红及其铝色淀	▲	◆	1
	纳他霉素	▲	◆	1
生物毒素	黄曲霉毒素 B_1	▲▲▲▲▲	◆◆	4
非法添加	富马酸二甲酯	▲▲	◆◆	2

（三）风险评估分级

综合评价方便食品中的风险指标，达到极严重风险（E 级）指标的有菌落总数、霉菌、沙门氏菌和金黄色葡萄球菌，达到高危险度风险（H 级）指标的有污染物所有指标、黄曲霉毒素 B_1 指标和其余微生物指标。非法添加的富马酸二甲酯综合评价为中等危险度风险（M 级），食品添加剂的综合评价集中在中等危险度风险（M 级）和低危险度风险（L 级），详见表 4-12。

表 4-12 大型活动中方便食品安全风险评估分级

安全指标项目		风险发生可能性	风险结局严重性	综合评价
污染物	铅（以 Pb 计）	b	3	H
	亚硝酸盐	c	3	H
微生物	菌落总数	a	3	E
	霉菌	a	3	E
	大肠菌群	b	3	H
	蜡样芽孢杆菌	c	3	H
	沙门氏菌	c	4	E
	金黄色葡萄球菌	c	4	E
食品添加剂	脱氢乙酸及其钠盐（以脱氢乙酸计）	b	1	M
	甜蜜素（以环己基氨基磺酸计）	b	1	M
	山梨酸及其钾盐（以山梨酸计）	b	1	M
	安赛蜜	b	1	M
	糖精钠	b	1	M
	柠檬黄及其铝色淀	b	1	M
	日落黄及其铝色淀	c	1	L
	铝的残留量（干样品，以 Al 计）	c	1	L
	亮蓝及其铝色淀	c	1	L
	胭脂红及其铝色淀	c	1	L
	苯甲酸及其钠盐（以苯甲酸计）	c	1	L
	防腐剂各自用量占其最大使用量比例之和	c	1	L
	三氯蔗糖	c	1	L
	苋菜红及其铝色淀	c	1	L
	纳他霉素	c	1	L
生物毒素	黄曲霉毒素 B_1	c	4	H
非法添加	富马酸二甲酯	c	2	M

（四）相关保障政策措施

近年来，各种冷藏和冷冻类方便食品得到了迅速发展。然而，对于这类产品质量保持较为重要的储存、运输及销售的温度要求，不同标准中的规定存在差异。[①] 因此，需要设立统一的储存、运输及销售温度要求，便于企业和监管部门更好地执行标准。

标准制修订思路和展望应根据产业发展新特点，完善方便食品标准体系。建议方便食品除包含方便主食类食品外，还应包括以畜禽、水产品、果蔬等原料加工而成的方便菜肴类食品及混合类方便食品，根据行业发展趋势和国家有关文件中重点支持的产品和领域，给其他方便食品在食品领域的应用预留位置。

现有方便食品标准，《方便米粉（米线）》（QB/T 2652-2004）[②] 制定于2004年。由于这些年来，方便米粉（米线）产业和产品发生了巨大变化。该标准目前难以覆盖主要产品，制约了产业发展。因此，为了更好地适应产业发展变化和规范产业发展，需修订方便米粉（米线）行业标准。同时，目前应用较多的《冷藏调制食品》（SB/T 10648-2012）[③]，产品涵盖范围较广，与现有标准存在一定交叉，建议适时修订。在方便食品标准制修订过程中，应开展足够的调查研究，了解企业在标准理解和执行方面的突出问题。还要注意产品质量指标与相应检验方法的一致性问题，并积极参考国际食品法典及发达国家的有关标准。

五、罐头食品的食品安全风险评估及分级

（一）风险发生可能性分析

2015—2019年共抽检罐头食品24161批次，其中不合格261批次，不合格率为1.08%，整体风险等级为中度风险。主要不合格指标有食品添加剂、微生物、污染物和兽药。食品添加剂为主要的风险指标，因食品添加剂指标不合格产品达到230批次，部分不合格食品添加剂风险发生可能性为b级。不合格的

① 邱弋桐、张建成：《我国方便食品行业的发展现状分析与未来对策》，载《商场现代化》2021年第20期，第1~5页。

② 《方便米粉（米线）》（QB/T 2652-2004），中国轻工业出版社2004年版。

③ 《冷藏调制食品》（SB/T 10648-2012），中国商业出版社2012年版。

微生物指标中商业无菌的风险发生可能性也达到了 b 级别，其余风险指标风险发生可能性均为 c 级，详见表 4-13。

罐头食品不合格统计中拥有较高占比的为食品添加剂不合规问题。二氧化硫残留量、甜蜜素、山梨酸及其钾盐、脱氢乙酸及其钠盐、苯甲酸及其钠盐、糖精钠、乙二胺四乙酸二钠、安赛蜜、柠檬黄及其铝色淀及乙二胺四乙酸二钠钙不合规为主要的食品添加剂问题，指标风险均为极高（●●●●●）或较高（●●●●）。山梨酸及其钾盐、脱氢乙酸及其钠盐、乙二胺四乙酸二钠全部为防腐剂或抗氧化剂，允许在部分罐头产品中使用，存在超量使用和超范围使用的问题。乙二胺四乙酸二钠钙和苯甲酸及其钠盐是两种不能添加入罐头食品的添加剂，存在超范围添加等问题。甜蜜素、糖精钠、安赛蜜为甜味剂，柠檬黄和日落黄为着色剂，都存在超量添加的问题。

表 4-13　罐头食品风险发生可能性分析

产品及风险等级	指标项目		指标风险级别	风险发生可能性
罐头食品★★★	污染物	镉（以 Cd 计）	●●●	c
		铬（以 Cr 计）	●●	c
		铅（以 Pb 计）	●●	c
	微生物	商业无菌	●●●●	b
		菌落总数	●●	c
	兽药	孔雀石绿	●●●	c
		莱克多巴胺	●●	c
	食品添加剂	二氧化硫残留量	●●●●●	c
		甜蜜素（以环己基氨基磺酸计）	●●●●●	b
		山梨酸及其钾盐（以山梨酸计）	●●●●	b
		脱氢乙酸及其钠盐（以脱氢乙酸计）	●●●●	b
		苯甲酸及其钠盐（以苯甲酸计）	●●●●	b
		糖精钠	●●●●	b
		乙二胺四乙酸二钠	●●●●	b
		安赛蜜	●●●●	b
		柠檬黄及其铝色淀	●●●●	b

续表

产品及风险等级	指标项目		指标风险级别	风险发生可能性
罐头食品★★★	食品添加剂	日落黄及其铝色淀	●●●●	b
		乙二胺四乙酸二钠钙（EDTA）	●●●●	b
		苋菜红及其铝色淀	●●●	b
		三氯蔗糖	●●	c
		胭脂红及其铝色淀	●●	c
		阿斯巴甜	●●	c

（二）风险结局严重性分析

食品安全风险结局的严重性主要通过污染物、微生物、兽药和食品添加剂等安全指标的致病性和潜伏期特点进行评价，详见表4-14。

镉、铬、铅这三种重金属污染物非常难以被生物降解，具有蓄积性，综合评价风险结局严重性为水平3。摄入重金属含量超标的食品过多或长期食用会对人体健康造成中度损害，即急性腹泻，甚至住院。镉、铬、铅潜伏期极长（◆），短期内不会出现症状。但摄入重金属含量超标的食品过多或长期食用，会在体内蓄积，影响大脑和神经系统，尤其会对儿童造成智力发育障碍和表现行为异常，致病性较高（▲▲▲▲）。

在微生物方面，商业无菌检验不合格率较高，而菌落总数出现问题的情况较低，综合评价风险结局严重性为水平3。商业无菌、菌落总数等微生物指标一般具有潜伏期短（◆◆◆）的特点，致病性一般为中度（▲▲▲）或低度（▲▲）。商业无菌是罐藏食品特有的一种微生物要求，是对罐藏食品热力杀菌程度的一种状态性描述。该状态可反映食品的杀菌程度及包装的密封性，特定情况下也可反映原料的腐败情况。菌落总数是用以判定食品被细菌污染的程度，反映食品新鲜程度和卫生状况的重要微生物指标之一。如果食品中的菌落总数严重超标，说明其产品的卫生状况达不到基本的卫生要求，使得食品的营养成分遭到破坏，加速食品的腐败变质，使食品失去食用价值。消费者食用微生物超标严重的食品，很容易患痢疾等肠道疾病，可能会引起呕吐、腹泻等症状，危害人体健康安全。

孔雀石绿和莱克多巴胺均为我国禁止使用的兽药。孔雀石绿既是杀菌剂，又是染料。其导致的疾病潜伏期中等（◆◆◆），致病性较高（▲▲▲▲）。长期超量食用可致癌，风险结局严重性为水平 4。在 2005 年，农业农村部办公厅就下发了《关于组织查处“孔雀石绿”等禁用兽药的紧急通知》，并且在 2019 年 12 月 27 日，孔雀石绿再次被农业农村部列入食品动物中禁止使用的药品及其他化合物清单。莱克多巴胺是一种兴奋剂类化合物，属于第二代瘦肉精。该化合物所致疾病潜伏期较长，致病性为高度，摄入较多会造成不同程度的中毒反应。工业和信息化部在 2011 年 12 月 22 日下发的公告中明令禁止莱克多巴胺在我国生产和销售。虽然以上两种兽药在我国被禁止使用，但是由于其价格低廉，能够获得很好经济效益等，在我国总是屡禁不止。

食品添加剂因其致病性极低（▲），潜伏期极长（◆），在罐头食品领域风险结局严重性水平为 1。

表 4-14 罐头食品风险结局严重性分级

指标项目		致病性	潜伏期	风险结局严重性
污染物	镉（以 Cd 计）	▲▲▲▲	◆	3
	铬（以 Cr 计）	▲▲▲▲	◆	3
	铅（以 Pb 计）	▲▲▲▲	◆	3
微生物	商业无菌	▲▲▲	◆◆◆	3
	菌落总数	▲▲	◆◆◆	3
兽药	孔雀石绿	▲▲▲▲	◆◆◆	4
	莱克多巴胺	▲▲▲▲	◆◆◆	4
食品添加剂	二氧化硫残留量	▲	◆	1
	甜蜜素（以环己基氨基磺酸计）	▲	◆	1
	山梨酸及其钾盐（以山梨酸计）	▲	◆	1
	脱氢乙酸及其钠盐（以脱氢乙酸计）	▲	◆	1
	苯甲酸及其钠盐（以苯甲酸计）	▲	◆	1
	糖精钠	▲	◆	1
	乙二胺四乙酸二钠	▲	◆	1
	安赛蜜	▲	◆	1
	柠檬黄及其铝色淀	▲	◆	1
	日落黄及其铝色淀	▲	◆	1

续表

指标项目		致病性	潜伏期	风险结局严重性
食品添加剂	乙二胺四乙酸二钠钙（EDTA）	▲	◆	1
	苋菜红及其铝色淀	▲	◆	1
	三氯蔗糖	▲	◆	1
	胭脂红及其铝色淀	▲	◆	1
	阿斯巴甜	▲	◆	1

（三）风险评估分级

大型活动中罐头食品安全风险评估分级详见表4-15。罐头食品中极严重风险（E级）指标有兽药两项指标：孔雀石绿和莱克多巴胺，其风险发生可能性均为c级，风险结局严重性均为水平4。达到高危险度风险（H级）的指标有污染物指标、微生物指标中商业无菌和菌落总数。这些指标项目的风险结局严重性均为水平3，风险发生可能性为c级或b级。苋菜红及其铝色淀、三氯蔗糖、胭脂红及其铝色淀、阿斯巴甜等食品添加剂均为低危险度风险（L级），其余食品添加剂指标均为中等危险度风险，风险结局严重性为水平1，风险发生可能性较小。

表4-15 大型活动中罐头食品安全风险评估分级

安全指标项目		风险发生可能性	风险结局严重性	综合评价
污染物	镉（以Cd计）	c	3	H
	铬（以Cr计）	c	3	H
	铅（以Pb计）	c	3	H
微生物	商业无菌	b	3	H
	菌落总数	c	3	H
兽药	孔雀石绿	c	4	E
	莱克多巴胺	c	4	E

续表

安全指标项目		风险发生可能性	风险结局严重性	综合评价
食品添加剂	二氧化硫残留量	b	1	M
	甜蜜素（以环己基氨基磺酸计）	b	1	M
	山梨酸及其钾盐（以山梨酸计）	b	1	M
	脱氢乙酸及其钠盐（以脱氢乙酸计）	b	1	M
	苯甲酸及其钠盐（以苯甲酸计）	b	1	M
	糖精钠	b	1	M
	乙二胺四乙酸二钠	b	1	M
	安赛蜜	b	1	M
	柠檬黄及其铝色淀	b	1	M
	日落黄及其铝色淀	b	1	M
	乙二胺四乙酸二钠钙（EDTA）	b	1	M
	苋菜红及其铝色淀	c	1	L
	三氯蔗糖	c	1	L
	胭脂红及其铝色淀	c	1	L
	阿斯巴甜	c	1	L

（四）相关保障政策措施

明确罐头生产流程和不同环节出现的质量问题，做好原辅料的控制，符合产品质量标准要求的材料才能被使用。注意生产中食品添加剂和加工助剂合法合规的使用，以行业标准为尺度，不可过度使用。生产全程动态监控，降低质量风险。制定完善的生产工艺流程，严格按照流程作业。提高操作人员专业知识，加强风险意识、卫生意识的培养，定期对生产线进行抽查。重点关注腐烂变质问题，降低微生物危害，提高罐头食品质量安全。一方面，可提高罐头的抗腐蚀性。另一方面，可以通过降罐内残留氧量、装罐时防止顶隙度过大等方法控制微生物生长环境。生产企业树立以质量安全为核心，在生产制造过程中严格遵守行业规范和国家的法律法规，坚决抵制滥用食品添加剂、肆意追求经济利益的行为。

六、速冻食品的食品安全风险评估及分级

（一）风险发生可能性分析

风险发生可能性通过各类产品和指标项目的不合格频率综合评价分级。2015—2019 年，全国速冻食品抽检数据有 48502 批次，不合格有 251 批次，不合格率为 0.52%，风险等级较低（★★）。不合格的主要因素为微生物指标和食品添加剂指标。对于速冻食品来说，控制微生物是保证其食品安全的一项重要工作。其中，菌落总数和大肠菌群的风险发生可能性为 b 级，风险等级极高（●●●●●）。其余指标问题风险发生可能性均为 c 级和 d 级，部分食品添加剂的风险等级较高（●●●●）。其他污染物、微生物、兽药和食品添加剂问题都属于中度风险（●●●）或低度风险（●●），详见表 4-16。

表 4-16　速冻食品风险发生可能性分级

产品及风险级别	安全指标项目		风险等级	风险发生可能性
速冻食品★★	污染物	铅（以 Pb 计）	●●●	c
		总砷（以 As 计）	●●●	c
		镉（以 Cd 计）	●●	d
		铬（以 Cr 计）	●●	d
	微生物	菌落总数	●●●●●	b
		大肠菌群	●●●●●	b
		金黄色葡萄球菌	●●●	c
		沙门氏菌	●●	d
	兽药	氯霉素	●●●●	c
		莱克多巴胺	●●	d
		克伦特罗	●●	d
	食品添加剂	甜蜜素（以环己基氨基磺酸计）	●●●●	c
		柠檬黄及其铝色淀	●●●●	c
		糖精钠	●●●●	c

续表

产品及风险级别	安全指标项目		风险等级	风险发生可能性
速冻食品★★	食品添加剂	山梨酸及其钾盐（以山梨酸计）	●●●●	c
		日落黄及其铝色淀	●●●●	c
		胭脂红及其铝色淀	●●●	c
		亮蓝及其铝色淀	●●●	c
		苋菜红及其铝色淀	●●●	c
		安赛蜜	●●●	c
		苯甲酸及其钠盐（以苯甲酸计）	●●	c
		二氧化硫残留量	●●	d
		诱惑红及其铝色淀	●●	d

（二）风险结局严重性分析

食品安全风险结局的严重性主要通过污染物、微生物、兽药和食品添加剂等安全指标的致病性和潜伏期特点进行评价，详见表 4-17。

重金属污染物非常难以被生物降解，具有蓄积性。摄入重金属含量超标的食品过多或长期食用会对人体健康造成高度损害（致病性：▲▲▲▲），症状表现为急性腹泻，甚至住院。镉、铬、铅潜伏期极长（◆），短期内不会出现症状。但摄入重金属含量超标的食品过多或长期食用，会在体内蓄积，影响大脑和神经系统，尤其会对儿童造成智力发育障碍和表现行为异常。总砷中毒相较于其他重金属中毒，发病更快潜伏期较短（◆◆◆）。一般口服后十分钟到一个半小时左右就会出现中毒状态。误服砷化物的患者一般会出现食管有烧灼感，口腔中有金属异味，同时出现头痛、四肢痉挛、腹泻脱水等症状。速冻食品中间制品、水产品、蔬菜制品等铅和总砷超标情况较多，整体风险结局严重性为水平 3 和水平 4，应重点关注，降低其食品安全风险。

微生物问题是速冻食品最常见的问题之一，应重点对微生物指标加大控制力度。菌落总数超标致病性较低（▲▲），而大肠菌群超标致病性中度（▲▲▲）、潜伏期较短（◆◆◆）的特点，整体评价其风险结局严重性均为水平 3。金黄色葡萄球菌和沙门氏菌具有潜伏期较短（◆◆◆◆）的特点，整体评价其风险结局严重性均为水平 4。菌落总数是用以判定食品被细菌污染的程度，反映食品新鲜程度和卫生状况的重要微生物指标之一。如果食品中的菌落总数严重超标，说明其产品的卫生状况达不到基本的卫生要求。食品的营养成分有可能被破坏，进而危害人体健康。大肠菌群是国内外通用的食品污染常用指示菌之一。食品中检出大肠菌群，提示被致病菌（如沙门氏菌、志贺氏菌、致病性大肠杆菌）污染的可能性较大。大肠菌群超标可能是由于产品的加工原料、包装材料受到污染，或在生产过程中产品受人员、加工器具等生产设备、环境的污染，有灭菌工艺的产品灭菌不彻底而导致。大肠菌群超标会引起腹泻、肠胃感染等症状。

氯霉素、莱克多巴胺和克伦特罗等兽药残留也是速冻食品出现较多问题的原因，主要特点是致病性较低（▲▲）或中等（▲▲▲），潜伏期较长（◆◆），综合评价风险结局严重性为水平 2 或水平 3。主要集中于速冻肉禽制品，其中以速冻鸡肉制品问题最为突出。这可能与禽类和畜类在养殖密度、饲料种类、喂养周期等养殖方式、易感染病症及用药等方面的情况不同有关。

速冻食品不合格统计中拥有较高占比的为食品添加剂不合规。防腐剂、着色剂和甜味剂不合规为主要的食品添加剂问题。但因为食品添加剂对人体危害较小，致病性低且潜伏期较长，多半不会出现严重的症状。综合来看，风险结局严重性均为水平 1。山梨酸、亚硝酸盐、苯甲酸作为防腐保鲜剂，广泛应用于酱卤肉速冻食品的生产加工过程中。部分速冻食品在加工过程中添加了防腐剂，以抑制肉毒梭菌的生长，甚至在原料肉中注入亚硝酸盐，以延缓肉类的腐败现象。此类情况在夏季生产、散装加工速冻食品和餐馆菜肴中较为常见。肉毒梭菌可能会导致严重的食物中毒，食用含有毒素的食物后 6 小时到 2 周内开始发病，症状可能包括复视、视力模糊、眼睑下垂、口齿不清、吞咽困难和肌肉无力等。

表 4-17　速冻食品风险结局严重性分级

指标项目		致病性	潜伏期	风险结局严重性
污染物	铅（以 Pb 计）	▲▲▲▲	◆	3
	总砷（以 As 计）	▲▲▲▲	◆◆◆	4
	镉（以 Cd 计）	▲▲▲▲	◆	3
	铬（以 Cr 计）	▲▲▲▲	◆	3

续表

指标项目		致病性	潜伏期	风险结局严重性
微生物	菌落总数	▲▲	◆◆◆	3
	大肠菌群	▲▲▲	◆◆◆	3
	金黄色葡萄球菌	▲▲▲	◆◆◆◆	4
	沙门氏菌	▲▲▲	◆◆◆◆	4
兽药	氯霉素	▲▲	◆◆	2
	莱克多巴胺	▲▲	◆◆	2
	克伦特罗	▲▲▲	◆◆	3
食品添加剂	甜蜜素（以环己基氨基磺酸计）	▲	◆	1
	柠檬黄及其铝色淀	▲	◆	1
	糖精钠	▲	◆	1
	山梨酸及其钾盐（以山梨酸计）	▲	◆	1
	日落黄及其铝色淀	▲	◆	1
	胭脂红及其铝色淀	▲	◆	1
	亮蓝及其铝色淀	▲	◆	1
	苋菜红及其铝色淀	▲	◆	1
	安赛蜜	▲	◆	1
	苯甲酸及其钠盐（以苯甲酸计）	▲	◆	1
	二氧化硫残留量	▲	◆	1
	诱惑红及其铝色淀	▲	◆	1

（三）风险评估分级

大型活动中速冻食品安全风险评估分级，详见表4-18。速冻食品极严重风险（E级）指标为污染物指标中的总砷超标问题和微生物指标中金黄色葡萄球菌超标问题（风险发生可能性均为c级、风险结局严重性均为水平4）。达到高危险度风险（H级）的指标有微生物指标中的菌落总数、大肠菌群、沙门氏菌和污染物指标中的铅。镉、铬、氯霉素和克伦特罗属于中等危险度风险（M级），其余指标属于低危险度风险（L级）。微生物和污染物的风险结局严重性为水平4或水平3，兽药问题风险结局严重性为水平2或水平3，食品添加剂风险结局严重性为水平 1，可忽略。

表 4-18　大型活动中速冻食品安全风险评估分级

指标大类	指标细类	风险发生可能性	风险结局严重性	综合评价
污染物	铅（以 Pb 计）	c	3	H
	总砷（以 As 计）	c	4	E
	镉（以 Cd 计）	d	3	M
	铬（以 Cr 计）	d	3	M
微生物	菌落总数	b	3	H
	大肠菌群	b	3	H
	金黄色葡萄球菌	c	4	E
	沙门氏菌	d	4	H
兽药	氯霉素	c	2	M
	莱克多巴胺	d	2	L
	克伦特罗	d	3	M
食品添加剂	甜蜜素（以环己基氨基磺酸计）	c	1	L
	柠檬黄及其铝色淀	c	1	L
	糖精钠	c	1	L
	山梨酸及其钾盐（以山梨酸计）	c	1	L
	日落黄及其铝色淀	c	1	L
	胭脂红及其铝色淀	c	1	L
	亮蓝及其铝色淀	c	1	L
	苋菜红及其铝色淀	c	1	L
	安赛蜜	c	1	L
	苯甲酸及其钠盐（以苯甲酸计）	c	1	L
	二氧化硫残留量	d	1	L
	诱惑红及其铝色淀	d	1	L

（四）相关保障政策措施

速冻食品对于温度的要求极其严格，为了保证速冻食品的质量，在生产、运输、储存和销售等环节需要严格控制温度。用于运输的车辆应具有温度显示，冷藏条件良好，温度必须保持在-18℃以下，且不能忽视温度波动问题。销售场所的冷藏设备必须运行良好，达到要求的冷藏条件。用于显示实时温度的温度计必须定期进行检定。散装速冻食品不可以直接暴露在空气中，应该采用食品专用的防尘材料进行遮盖。同时，设立标志或警示语，提醒消费者不要用手触摸散装食品。配备专用销售工具，设立专门存放工具的位置。对于商品的分拣和包装，应有专人负责。作为消费者，在购物时可最后选购速冻食品，以防食品离开冷柜过久，导致温度上升。在对食品进行储存或食用时，也应该参照说明书的要求进行操作。

七、焙烤食品的食品安全风险评估及分级

（一）风险发生可能性分析

风险发生可能性通过各类产品和指标项目的不合格频率综合评价分级。2015—2019 年，全国粮食及其制品抽检数据有 212762 批次，整体不合格有 1535 批次，与其他各类食品相比不合格率较低（不合格率为 0.72%），风险等级为低度（★★）。由表 4-19 可知，主要不合格指标为重金属铅（以 Pb 计）和菌落总数、霉菌和大肠菌群等微生物指标以及食品添加剂中防腐剂、脱氢乙酸及其钠盐（以脱氢乙酸计）和铝的残留量（干样品，以 Al 计）等。其中，重金属污染物铅、菌落总数和食品添加剂中有关防腐剂的风险等级均为极高（●●●●●），综合评价风险发生可能性分别为 a 级、b 级和 b 级。有研究对 2013 年河南省食品中铅、镉污染物监测与分析得出，食品铅污染状况比镉严重。其中，焙烤食品、乳制品的铅污染情况尤为突出。① 本研究统计分析铅的风险发生可能性为 a 级。同时，闫琳等人 2016 年在五省采集不同种类的焙烤食品 634 份，按照食品安全国家标准方法检测菌落总数、大肠菌群、单核细胞增生李斯特菌、金黄色葡萄球菌、蜡样芽孢杆菌和沙门氏菌含量。结果表明，焙烤食品存在微生物污染，需加强生产、销售等相关环节的卫生管理。② 统计分析显示，

① 黄唐嘉、蔡文焰、郑晓燕：《泉州市 2015—2019 年部分市售食品中铅含量监测与分析》，载《海峡预防医学杂志》2021 年第 27 卷第 2 期，第 69~71 页。

② 闫琳、裴晓燕、杨舒然等：《市售焙烤食品中微生物污染状况调查》，载《中国卫生检验杂志》2018 年第 28 卷第 12 期，第 1499~1501 页。

微生物指标中的菌落总数和大肠菌群的风险等级为极高（●●●●●）和高度（●●●●），风险发生可能性为 b 级和 c 级。脱氢乙酸及其钠盐和铝的残留量，统计分析显示其有关风险等级也均为高度（●●●●），风险发生可能性为 b 级。

表 4-19 焙烤食品风险发生可能性分析

产品及风险等级	安全指标项目		指标风险等级	风险发生可能性
焙烤食品★★	其他	烷基（苯）磺酸钠	●	c
	污染物	铅（以 Pb 计）	●●●●●	a
	微生物	菌落总数	●●●●●	b
		霉菌	●●●●	b
		大肠菌群	●●●●	c
		霉菌和酵母	●●	c
		金黄色葡萄球菌	●●	c
		商业无菌	●●	c
		沙门氏菌	●●	a
	非法添加	富马酸二甲酯	●●	b
		滑石粉	●	b
	食品添加剂	防腐剂各自用量占其最大使用量比例之和	●●●●●	b
		脱氢乙酸及其钠盐（以脱氢乙酸计）	●●●●	b
		铝的残留量（干样品，以 Al 计）	●●●●	b
		山梨酸及其钾盐（以山梨酸计）	●●●	b
		糖精钠	●●●	b
		柠檬黄及其铝色淀	●●●	b
		苯甲酸及其钠盐（以苯甲酸计）	●●●	c
		甜蜜素（以环己基氨基磺酸计）	●●●	c
		纳他霉素	●●●	c
		丙二醇	●●	c
		胭脂红及其铝色淀	●●	c
		日落黄及其铝色淀	●●	b
		二氧化硫残留量	●●	b
		安赛蜜	●●	b

续表

产品及风险等级	安全指标项目		指标风险等级	风险发生可能性
焙烤食品★★	食品添加剂	亮蓝及其铝色淀	●●	b
		苋菜红及其铝色淀	●●	c
		三氯蔗糖	●●	c
		丙酸	●●	c
		诱惑红及其铝色淀	●	c
		二丁基羟基甲苯	●	c
		双乙酸钠（二醋酸钠）	●	b
		丙酸钙	●	b
		特丁基对苯二酚（TBHQ）	●	b

（二）风险结局严重性分析

食品安全风险结局的严重性主要通过污染物、微生物和食品添加剂等安全指标的致病性和潜伏期特点进行评价，详见表 4-20。

随着我国工业的快速发展，重金属污染问题日渐严重。食品中常见的重金属元素有铜、汞、铬和锡等。若食品中的重金属超标，摄入重金属含量超标的食品过多或长期食用会对人体健康造成巨大损害。因此，高质量的食品检测是确保食品安全的最主要方式，能够避免人们购买含有重金属的食品，杜绝广大消费者出现重金属中毒问题。表 4-20 中重金属超标的只有铅，可能是由于环境污染或者运输和包装等不合格情况导致铅含量严重超标。铅的致病性风险等级为中度，潜伏期极长，评估其风险结局严重性为水平 3。

微生物指标中菌落总数的不合格率占比极高，大肠菌群、霉菌和酵母等微生物指标的不合格率为高度。其余微生物指标的潜伏期和致病性一般为中度，整体评价其风险结局严重性为水平 3 或水平 4。菌落总数是用以判定食品被细菌污染的程度，反映食品新鲜程度和卫生状况的重要微生物指标之一。如果食品中的菌落总数严重超标，说明其产品的卫生状况达不到基本的卫生要求。这会使食品的营养成分遭到破坏，加速食品的腐败变质，使食品失去食用价值。消费者食用微生物超标严重的食品，很容易患痢疾等肠道疾病，可能引起呕吐、腹泻等症状，危害人体健康安全。沙门氏菌的生存环境要求很低，在粪便、泥土、食物（如肉、蛋、奶和面包等）和水中的生存时间可以长达5个月至2年以上，在20℃~30℃条件下可迅速繁殖，在冰冻土壤中甚至可以越冬。污染食品后无明显的感官变化，极易被动物及人类食用造成感染性疾病。

据统计，在焙烤食品中，依然还有食品添加剂的非法使用。需要关注的是，食品添加剂不合格原因中还包括脱氢乙酸及其钠盐、山梨酸及其钾盐和甜蜜素。脱氢乙酸及其钠盐作为食品添加剂，广泛用作防腐剂，对霉菌具有较强的抑制作用。长期大量食用脱氢乙酸及其钠盐超标产品，可能会对人体健康产生一定影响。山梨酸及其钾盐是一种良好的食品防腐剂，由于山梨酸（钾）是一种不饱和脂肪酸（盐），可被人体的代谢系统吸收而迅速分解为二氧化碳和水，在体内无残留，所以一般不会对人体产生致癌和致畸作用。但如果食品中添加的山梨酸及其钾盐超标严重，消费者长期食用，在一定程度上会抑制骨骼生长，危害肝肾健康。以上这些因素，评估其风险结局严重性均为水平1。

表4-20　焙烤食品风险结局严重性分级

安全指标项目		致病性	潜伏期	风险结局严重性
污染物	铅（以Pb计）	▲▲▲▲	◆	3
微生物	菌落总数	▲▲	◆◆◆	3
	霉菌和酵母	▲▲	◆◆◆	3
	大肠菌群	▲▲▲	◆◆◆	3
	金黄色葡萄球菌	▲▲▲	◆◆◆◆	4
	商业无菌	▲▲▲	◆◆◆	3
	沙门氏菌	▲▲▲	◆◆◆◆	4
非法添加	富马酸二甲酯	▲▲	◆◆	2
	滑石粉	▲▲	◆◆	2
食品添加剂	防腐剂各自用量占其最大使用量比例之和	▲	◆	1
	脱氢乙酸及其钠盐（以脱氢乙酸计）	▲	◆	1
	铝的残留量（干样品，以Al计）	▲	◆	1
	山梨酸及其钾盐（以山梨酸计）	▲	◆	1
	糖精钠	▲	◆	1
	柠檬黄及其铝色淀	▲	◆	1

续表

安全指标项目		致病性	潜伏期	风险结局严重性
食品添加剂	苯甲酸及其钠盐（以苯甲酸计）	▲	◆	1
	甜蜜素（以环己基氨基磺酸计）	▲	◆	1
	纳他霉素	▲	◆	1
	丙二醇	▲	◆	1
	胭脂红及其铝色淀	▲	◆	1
	日落黄及其铝色淀	▲	◆	1
	二氧化硫残留量	▲	◆	1
	安赛蜜	▲	◆	1
	亮蓝及其铝色淀	▲	◆	1
	苋菜红及其铝色淀	▲	◆	1
	三氯蔗糖	▲	◆	1
	丙酸	▲	◆	1
	诱惑红及其铝色淀	▲	◆	1
	二丁基羟基甲苯	▲	◆	1
	双乙酸钠（二醋酸钠）	▲	◆	1
	丙酸钙	▲	◆	1
	特丁基对苯二酚（TBHQ）	▲	◆	1

（三）风险评估分级

大型活动中焙烤食品的食品安全风险评估分级详见表4-21。焙烤食品的污染物指标中铅的风险发生可能性为 c 级，风险结局严重性为水平 3，综合评价指标为高危险度风险（H 级）。焙烤食品除原料可能存在重金属污染以外，在生产、加工、储存和运输等过程中，还会接触到大量不锈钢设备和器材，如搅拌机、成型设备、周转设备等。[①] 这些设备和器材中重金属的迁移，可能会造成焙烤食品的污染。其次，中等危险度风险（M 级）的指标有富马酸二甲酯、滑石粉等非法添加指标以及部分食品添加剂如：脱氢乙酸及其钠盐（以脱氢乙

① 李蕾、袁秀娟、汤旭钢等：《2014—2017 年宁夏 319 份市售食品中铅含量监测结果分析》，载《现代预防医学》2019 年第 46 卷第 18 期，第 3311~3314 页。

酸计)、铝的残留量（干样品，以 Al 计)、山梨酸及其钾盐（以山梨酸计)、糖精钠、柠檬黄及其铝色淀等。其余食品添加剂指标均为低危险度风险（L 级)。

表 4-21　大型活动中焙烤食品的食品安全风险评估分级

指标大类	指标小类	风险发生可能性	风险结局严重性	综合评价
污染物	铅（以 Pb 计）	c	3	H
微生物	菌落总数	a	3	E
	霉菌和酵母	b	3	H
	大肠菌群	b	3	H
	金黄色葡萄球菌	c	4	E
	商业无菌	c	3	E
	沙门氏菌	c	4	E
非法添加	富马酸二甲酯	c	2	M
	滑石粉	c	2	M
食品添加剂	防腐剂各自用量占其最大使用量比例之和	a	1	H
	脱氢乙酸及其钠盐（以脱氢乙酸计）	b	1	M
	铝的残留量（干样品，以 Al 计）	b	1	M
	山梨酸及其钾盐（以山梨酸计）	b	1	M
	糖精钠	b	1	M
	柠檬黄及其铝色淀	b	1	M
	苯甲酸及其钠盐（以苯甲酸计）	b	1	M
	甜蜜素（以环己基氨基磺酸计）	b	1	M
	纳他霉素	b	1	M
	丙二醇	c	1	L
	胭脂红及其铝色淀	c	1	L
	日落黄及其铝色淀	c	1	L
	二氧化硫残留量	c	1	L
	安赛蜜	c	1	L
	亮蓝及其铝色淀	c	1	L
	苋菜红及其铝色淀	c	1	L
	三氯蔗糖	c	1	L

续表

指标大类	指标小类	风险发生可能性	风险结局严重性	综合评价
食品添加剂	丙酸	c	1	L
	诱惑红及其铝色淀	c	1	L
	二丁基羟基甲苯	c	1	L
	双乙酸钠（二醋酸钠）	c	1	L
	丙酸钙	c	1	L
	特丁基对苯二酚（TBHQ）	c	1	L

（四）相关保障政策措施

焙烤食品具有口味良好、营养丰富、品种多样、携带方便、食用快捷等特点，适合居家、旅行等不同场合食用，消费人群广泛。

焙烤制品生产过程标准和管理标准亟待建立。建议制定糕点、饼干和面包等各类加工企业良好生产规范，通过规范各类焙烤制品的生产，可以进一步确保焙烤制品的安全和卫生。①

焙烤制品的品质、食品添加剂、禁限用物质分析及掺假鉴别等检测方法标准应不断补充。焙烤食品经过高温烘烤，其中的微生物已被杀灭。烘烤出炉之后只要按规程操作，这类食品应该不会出现微生物超标甚至发霉变质的问题。但现实情况是，在保质期内的一些焙烤食品，仍被检出霉菌等微生物超标，有的焙烤食品还出现了严重的霉变现象。采用动态杀菌技术、食品保鲜栅栏技术等，不仅可有效提高焙烤食品的安全质量，延长焙烤食品的保质期，还能推动焙烤食品行业的高质量发展。②

① 《焙烤标准技术研究机构　中国焙烤行业发展存在的问题及措施》，载《标准生活》2013 年第 1 期，第 22~25 页。

② 《发展焙烤食品行业的几大措施》，载《中国食品报》2014 年 9 月 29 日第 5 版。

第五章 其他加工类食品安全风险评估及分级

一、食糖的食品安全风险评估及分级

（一）风险发生可能性分析

经统计，2015—2019 年食糖抽检数量为 11919 批次，抽检不合格产品为 288 批次，不合格率为 2.42%，整体风险为中度风险（★★★）。不合格指标主要为微生物和食品添加剂，其中菌落总数和二氧化硫残留量风险发生可能性均为 b 级，其余不合格指标风险发生可能性为 c 级，详见表 5-1。

表 5-1　食糖的风险发生可能性分级

食品类别	指标项目		风险等级	风险发生可能性
食糖 ★★★	污染物	螨	●●●	c
	微生物	菌落总数	●●●●	b
		大肠菌群	●●	c
		霉菌	●●	c
	食品添加剂	二氧化硫残留量	●●●●●	b
		日落黄及其铝色淀	●●	c

（二）风险结局严重性分析

食品安全风险结局的严重性主要通过污染物、微生物、食品添加剂等安全指标的致病性和潜伏期特点进行评价，详见表 5-2。

食糖或蜜制品一旦储藏不善，很容易被螨虫污染。目前，已知有甜果螨、腐食酪螨、长粉螨、粗脚粉螨和椭圆食粉螨等多种螨虫。其中，以甜果螨污染最为常见。甜果螨嗜好食糖，常躲藏在白糖、砂糖、红糖、蜜制品和某些干果中生长繁殖。食品一经螨虫污染，随着储存时间延长，螨虫数目大增，会严重损害食品质量。人吃了这些被螨虫污染的食品，螨虫卵进入人体消化道寄生，可引起“肠螨症”，发生腹痛、腹泻和肛门烧灼感等症状。体内的螨虫还有可能侵犯泌尿道，引起尿频、尿急、尿痛等症状。① 综上所述，螨虫虽然具有一定的致病性，但潜伏期很长，评估其风险结局严重性为水平 2。

大肠菌群、菌落总数和霉菌等微生物指标的潜伏期一般为数天，致病性为低至中度，整体评价其风险结局严重性为水平 3。菌落总数是食糖质量安全的一项重要指标，主要作为判定糖品被污染程度的标志。食糖生产过程中应尽可能避免细菌的带入，并有效防止细菌在食糖制品中的生长和繁殖，以减少损失并保证食糖的卫生质量。② 如果食糖的菌落总数超标，说明其没有达到基本的卫生要求。营养成分易被破坏，发生腐败变质，从而失去食用价值。当人食用上述微生物污染的食品，很容易患痢疾等肠道疾病，可能引起呕吐、腹泻等症状，危害人体健康安全。大肠菌群是国内外通用的食品污染常用指示菌之一。食品中检出大肠菌群，提示被致病菌（如沙门氏菌、志贺氏菌、致病性大肠杆菌）污染的可能性较大。大肠菌群超标可能是由于产品的加工原料、包装材料受污染，或在生产过程中产品受人员、加工器具等生产设备、环境的污染，或有灭菌工艺的产品灭菌不彻底而导致。大肠菌群超标，会引起腹泻、肠胃感染等，且往往在一天之内出现症状。霉菌是生长在营养基质上，可形成绒毛状、蜘蛛网状或絮状菌丝体的真菌，也是容易引起食糖品变坏的重要微生物之一。霉菌能抵抗冷、热、抗菌素和辐照等储藏技术，它们能转换某些不利于微生物的物质，从而促进致病菌的生长。霉菌往往会导致食品表面失去色、香、味。因此，霉菌也是作为评价食糖卫生质量的指示菌，并以霉菌计数来判定糖品被污染程度。我国制糖企业和流通市场曾发生过白砂糖受霉菌污染而变红的情况。食用已霉变的食品会引起不同程度的中毒，危害人类健康。

据统计，食品添加剂的不合格项目主要为二氧化硫残留量、日落黄及其铝色淀。二氧化硫是国内允许使用的漂白剂、防腐剂和抗氧化剂，通常情况下以

---

① 陈海宁：《浅析甘蔗制糖过程中微生物污染的产生及控制》，载《甘蔗糖业》2007 年第 4 期，第 4 页。

② 陈海宁：《从检验结果分析我国食糖微生物质量》，载《甘蔗糖业》2007 年第 3 期，第 3 页。

亚硫酸盐的形式添加于食品中，或采用硫黄熏蒸的方式用于食品处理。二氧化硫在生产白砂糖时能与有色物质结合达到漂白的效果，加工和储藏过程中还可以防止氧化褐变或微生物污染。[①] 食糖中的二氧化硫残留主要是由于制糖过程中使用硫黄作为加工助剂产生二氧化硫用于澄清和脱色，制糖原料及其他加工助剂可能含硫也是导致食糖中存在二氧化硫残留的原因之一。按照《食品安全国家标准　食品添加剂使用标准》（GB 2760-2014）规定，合理使用二氧化硫不会对人体健康造成危害。少量二氧化硫进入体内后最终生成硫酸盐，可通过正常解毒后由尿液排出体外，不会产生毒性作用。但如果人体过量摄入二氧化硫，则容易产生过敏，可能会引发呼吸困难、腹泻、呕吐等症状，并对其他组织产生不同程度损伤。日落黄是一种人工合成着色剂，根据《食品安全国家标准　食品添加剂使用标准》（GB 2760-2014）规定，食糖中不得使用着色剂。商家为使糖品颜色更加鲜艳光亮，未按国标规定，属于超范围使用。长期大量食用日落黄超标的食品，可能会对人体健康产生一定影响。此外，针对铝色淀而言，国家食品安全风险评估专家委员会完成的中国居民膳食铝暴露风险评估结果表明，我国日常膳食中的含铝食品对一般居民健康造成不良影响的可能性不大，但对于长期食用高铝食品的消费者应予以关注。基于以上这些因素，综合评估其风险结局严重性为水平 1。

表 5-2　食糖的风险结局严重性分级

指标项目		致病性	潜伏期	风险结局严重性
污染物	螨	▲▲▲	◆	2
微生物	菌落总数	▲▲	◆◆◆	3
	大肠菌群	▲▲▲	◆◆◆	3
	霉菌	▲▲	◆◆◆	3
食品添加剂	二氧化硫残留量	▲	◆	1
	日落黄及其铝色淀	▲	◆	1

（三）风险评估分级

通过风险发生可能性分析得到，食糖的整体风险程度为中度风险。不合格指

① 余娟、余构彬、高裕锋等：《GB 2760-2014〈食品安全国家标准　食品添加剂使用标准〉中食糖二氧化硫最大使用量的修改建议》，载《甘蔗糖业》2019 年第 3 期，第 4 页。

标主要为微生物和食品添加剂两个方面。菌落总数和二氧化硫残留量风险发生可能性均为b级，其余不合格指标风险发生可能性为c级。评估各指标项的风险结局严重性，污染物螨为水平2，微生物指标中菌落总数、大肠菌群和霉菌均为水平3，食品添加剂指标中二氧化硫残留量和日落黄及其铝色淀均为水平1。综上所述，食糖中无极严重风险（E级）指标，达到高危险度风险（H级）的均为微生物指标，包括菌落总数、大肠菌群和霉菌。污染物螨和二氧化硫残留量为中等危险度风险（M级）；食品添加剂中日落黄及其铝色淀指标为低危险度风险（L级），详见表5-3。

表5-3 大型活动中食糖的食品安全风险评估分级

指标项目		风险发生可能性	风险结局严重性	综合评价
污染物	螨	c	2	M
微生物	菌落总数	b	3	H
	大肠菌群	c	3	H
	霉菌	c	3	H
食品添加剂	二氧化硫残留量	b	1	M
	日落黄及其铝色淀	c	1	L

（四）相关保障政策措施

为了避免食糖不合格情况出现，从生产到储藏各个环节应予以预防管理。一是污染物螨，首先要妥善保存糖品，防潮防霉，定期加强卫生检查，防治甜果螨。据研究，一般螨虫加热至73℃，3分钟就会死亡。食用储存时间较长的白糖、砂糖及红糖等，须加热处理，用上述调配各种饮料或喝糖开水，应预先用沸水冲泡。如果食糖中发现少量螨虫可采用漂浮法处理，即用沸水将食糖溶解，螨虫即可漂浮于沸水表面而弃之。食糖如果被螨虫严重污染，是不能食用的。二是微生物指标，从细菌学角度来说，制糖生产过程中应尽可能清除由甘蔗带来的细菌，并有效防止细菌在制品中的生长繁殖，从而减少损失并保证食糖的卫生质量。制糖企业应去除那些由原料和设备带入的微生物，创造一个不利于微生物生长繁殖的环境条件，防止微生物在糖厂中间制品的生长繁殖，生产符合质量标准的最终产品。三是食品添加剂，企业应严格遵守《食品国家标准　食品添加剂使用标准》（GB 2760-2014）的要求，在达到预期效果的前提下尽可能降低二氧化硫和日落黄及其铝色淀在食品中的使用量，不可超量使用。如果在食品中添加了二氧化硫，生产企业应按照《食品国家标准　预包装食品标签通则》（GB 7718-2011）的规定进行规范标示。消费者在选择食品之前，可以通过研读食品标签辨认该食品中是否添加了相关食品添加剂。

二、调味品的食品安全风险评估及分级

（一）风险发生可能性分析

风险发生可能性通过各类产品和指标项目的不合格频率综合评价分级。2015—2019 年，全国调味品抽检数据共计 1251661 批次，整体不合格有 2791 批次，与其他各类食品相比不合格率较低（不合格率为 2.23%），风险等级为中度（★★★）。

不合格指标主要集中在食品添加剂、微生物、污染物、生物毒素和非法添加方面，详见表 5-4。其中，微生物指标中菌落总数作为产品污染指示菌，能够反映产品加工运输过程中的卫生状况。[①] 统计结果显示，其不合格风险极高（●●●●●），综合风险发生可能性为 b 级。食品添加剂中苯甲酸及其钠盐、甜蜜素、防腐剂和二氧化硫残留量，处于较高风险等级（●●●●），综合风险发生可能性为 b 级。整体上，生物毒素和非法添加发生概率较低，综合风险发生可能性为 c 级。

表 5-4　调味品的风险发生可能性分级

食品类别	指标项目		风险等级	风险发生可能性
调味品 ★★★	污染物	铅（以 Pb 计）	●●●●	b
		总砷（以 As 计）	●●	c
		苯并［a］芘	●	d
		镉（以 Cd 计）	●	d
	微生物	菌落总数	●●●●●	b
		大肠菌群	●●●	c
		霉菌和酵母	●●	c

① 崔华、王松山、李森等：《部分市售粮食制品微生物污染状况监测分析》，载《中国粮油学报》2022 年 7 月 18 日，第 1~11 页。

续表

食品类别	指标项目		风险等级	风险发生可能性
调味品★★★	食品添加剂	苯甲酸及其钠盐（以苯甲酸计）	●●●●	b
调味品★★★	食品添加剂	甜蜜素（以环己基氨基磺酸计）	●●●●	b
调味品★★★	食品添加剂	防腐剂各自用量占其最大使用量比例之和	●●●●	b
调味品★★★	食品添加剂	二氧化硫残留量	●●●●	b
调味品★★★	食品添加剂	糖精钠	●●●	c
调味品★★★	食品添加剂	脱氢乙酸及其钠盐（以脱氢乙酸计）	●●●	c
调味品★★★	食品添加剂	山梨酸及其钾盐（以山梨酸计）	●●●	c
调味品★★★	食品添加剂	安赛蜜	●●	c
调味品★★★	食品添加剂	胭脂红及其铝色淀	●●	c
调味品★★★	食品添加剂	日落黄及其铝色淀	●●	c
调味品★★★	食品添加剂	柠檬黄及其铝色淀	●●	c
调味品★★★	食品添加剂	特丁基对苯二酚（TBHQ）	●●	c
调味品★★★	食品添加剂	亚硫酸盐	●●	c
调味品★★★	食品添加剂	硫酸盐	●	d
调味品★★★	食品添加剂	二丁基羟基甲苯	●	d
调味品★★★	食品添加剂	氯化钾	●	d
调味品★★★	食品添加剂	铝的残留量（干样品，以 Al 计）	●	d
调味品★★★	生物毒素	黄曲霉毒素 B_1	●●●	c
调味品★★★	非法添加	罗丹明 B	●●	c
调味品★★★	非法添加	罂粟碱	●●	c
调味品★★★	非法添加	蒂巴因	●●	c
调味品★★★	非法添加	苏丹红 I-IV	●●	c
调味品★★★	非法添加	吗啡	●●	c
调味品★★★	非法添加	可待因	●●	c
调味品★★★	非法添加	那可丁	●●	c

（二）风险结局严重性分析

食品安全风险结局的严重性主要通过风险指标的致病性和潜伏期特点进行评价，详见表 5-5。镉、铅、总砷等重金属污染物具有蓄积性，《食品安全标

准　食品中污染物限量》（GB 2762-2012）中规定了调味品中铅和总砷的限量。调味品中的重金属超标主要源于其原料的重金属污染，长期食用重金属含量超标的产品会造成器官损伤甚至死亡，因此致病性较高（▲▲▲▲）。苯并［a］芘属于一类强致癌物，致病性更高（▲▲▲▲▲）。正常情况下，除总砷以外的重金属污染需要长期摄入才会造成危害，属于慢性毒性因而潜伏期很长（◆），因此主要污染物综合判断风险结局严重性为水平 3。

黄曲霉毒素 B_1 具有毒性大、致病性强（▲▲▲▲▲）的特点，但其潜伏期往往较长（◆◆），综合评价其风险结局严重性为水平 4。

大肠菌群、菌落总数和霉菌等是用以判定食品被细菌污染的程度，反映食品新鲜程度和卫生状况的微生物指标。菌落总数和霉菌超标说明其产品的卫生状况欠佳，容易腐败变质。大肠菌群超标指示食品被致病菌（如沙门氏菌、志贺氏菌、致病性大肠杆菌）污染的可能性较大。霉菌有着极强的繁殖能力，霉变食品产生的真菌毒素会引起不同程度的中毒。微生物超标往往会引起呕吐、腹泻、肠胃感染等，致病性一般为低度（▲▲）或中度（▲▲▲），具有潜伏期短（◆◆◆）的特点，且往往在一天之内出现症状，整体评价其风险结局严重性为水平 3。

食品添加剂常见不合格因素包括脱氢乙酸及其钠盐、山梨酸及其钾盐和甜蜜素。脱氢乙酸及其钠盐是一种广泛使用的可有效抑制霉菌的防腐剂，长期摄入可能会引起肝、肾和中枢神经系统损伤。随着对其危害性研究的增多，美国、欧盟等国家和地区已经几乎放弃在食品中使用脱氢乙酸及其钠盐。另外，长期摄入山梨酸及其钾盐在一定程度上会抑制骨骼生长，危害肝肾的健康。食品添加剂一般经过食品安全风险评估，致病性极低（▲）、潜伏期极长（◆），其风险结局严重性均为水平 1。

表 5-5　调味品的风险结局严重性分级

指标项目		致病性	潜伏期	风险结局严重性
污染物	铅（以 Pb 计）	▲▲▲▲	◆	3
	总砷（以 As 计）	▲▲▲▲	◆◆◆	4
	苯并［a］芘	▲▲▲▲▲	◆	3
	镉（以 Cd 计）	▲▲▲▲	◆	3

续表

指标项目		致病性	潜伏期	风险结局严重性
微生物	菌落总数	▲▲	◆◆◆	3
	大肠菌群	▲▲▲	◆◆◆	3
	霉菌和酵母	▲▲	◆◆◆	3
食品添加剂	苯甲酸及其钠盐（以苯甲酸计）	▲	◆	1
	甜蜜素（以环己基氨基磺酸计）	▲	◆	1
	防腐剂各自用量占其最大使用量比例之和	▲	◆	1
	二氧化硫残留量	▲	◆	1
	糖精钠	▲	◆	1
	脱氢乙酸及其钠盐（以脱氢乙酸计）	▲	◆	1
	山梨酸及其钾盐（以山梨酸计）	▲	◆	1
	安赛蜜	▲	◆	1
	胭脂红及其铝色淀	▲	◆	1
	日落黄及其铝色淀	▲	◆	1
	柠檬黄及其铝色淀	▲	◆	1
	特丁基对苯二酚（TBHQ）	▲	◆	1
	亚硫酸盐	▲	◆	1
	硫酸盐	▲	◆	1
	二丁基羟基甲苯	▲	◆	1
	氯化钾	▲	◆	1
	铝的残留量（干样品，以 Al 计）	▲	◆	1
生物毒素	黄曲霉毒素 B_1	▲▲▲▲▲	◆◆	4
非法添加	罗丹明 B	▲▲	◆◆	2
	罂粟碱	▲▲	◆◆	2
	蒂巴因	▲▲	◆◆	2
	苏丹红 I-IV	▲▲	◆◆	2
	吗啡	▲▲	◆◆	2
	可待因	▲▲	◆◆	2
	那可丁	▲▲	◆◆	2

（三）风险评估分级

对调味品进行整体风险评估，发现生物毒素中黄曲霉毒素 B_1 以及污染物中总砷超标问题风险结局严重性较高，为水平 4，在调味品中的风险发生可能性为 c 级，综合评价为极危险风险等级（E 级）。

所有微生物指标超标问题和污染物中的铅指标风险结局严重性为水平 3，风险发生可能性也多数集中在 b 级和 c 级。综合评价来看，霉菌和酵母、大肠菌群、菌落总数和铅的风险级别为 H 级。其余污染物指标和部分食品添加剂指标以及非法添加的综合评价为 M 级。食品添加剂的风险结局严重性均为水平 1，多数食品添加剂的综合评价风险级别均为 L 级，详见表 5-6。

表 5-6 大型活动中调味品的食品安全风险评估分级

指标大类	指标小类及频率	风险发生可能性	风险结局严重性	综合评价
污染物	铅（以 Pb 计）	b	3	H
	总砷（以 As 计）	c	4	E
	苯并［a］芘	d	3	M
	镉（以 Cd 计）	d	3	M
微生物	菌落总数	b	3	H
	大肠菌群	c	3	H
	霉菌和酵母	c	3	H
食品添加剂	苯甲酸及其钠盐（以苯甲酸计）	b	1	M
	甜蜜素（以环己基氨基磺酸计）	b	1	M
	防腐剂各自用量占其最大使用量比例之和	b	1	M
	二氧化硫残留量	b	1	M
	糖精钠	c	1	L
	脱氢乙酸及其钠盐（以脱氢乙酸计）	c	1	L
	山梨酸及其钾盐（以山梨酸计）	c	1	L
	安赛蜜	c	1	L
	胭脂红及其铝色淀	c	1	L
	日落黄及其铝色淀	c	1	L
	柠檬黄及其铝色淀	c	1	L

续表

指标大类	指标小类及频率	风险发生可能性	风险结局严重性	综合评价
食品添加剂	特丁基对苯二酚（TBHQ）	c	1	L
	亚硫酸盐	c	1	L
	硫酸盐	d	1	L
	二丁基羟基甲苯	d	1	L
	氯化钾	d	1	L
	铝的残留量（干样品，以 Al 计）	d	1	L
生物毒素	黄曲霉毒素 B_1	c	4	E
非法添加	罗丹明 B	c	2	M
	罂粟碱	c	2	M
	蒂巴因	c	2	M
	苏丹红 I–IV	c	2	M
	吗啡	c	2	M
	可待因	c	2	M
	那可丁	c	2	M

（四）相关保障政策措施

在调味品不合格原因分析中，生物毒素问题较为严重。生物毒素问题主要指的是发酵调味品中黄曲霉毒素 B_1 含量较为普遍。目前，国家出台的相应检测标准的检测手段相对烦琐，检测工艺较为复杂，导致实验人员对检测结果难以把握。且与国外检测技术差距大，而且还存在极大的局限性。迄今，国内对黄曲霉毒素的检测较为单一，对原料、曲料、半成品中的黄曲霉毒素检测与控制完全没有办法。但是从毒素控制与检测角度来看，从根源处进行控制是十分重要的。因此，对于发酵调味品成品中黄曲霉毒素的检测需要做出一定的改进。完善调味品监管立法，严格规范调味品安全标准。要从不同的原料、曲料、半成品等角度来研究，建立健全调味品标准体系。丰富完善调味品安全国家标准，补充完善调味品安全国家标准中食品添加剂的限制与限量、污染物限量、重金属限量等。增强标准的可操作性，注重与国际标准的协调，加强与国外调味品行业的接轨。制定调味品基本标准，丰富、细化调味品的基本质量指标。加强对行业标准和地方标准的监管，完善标准备案、审批制度。以此来保证调味品的食用健康与安全性，有效促进产业发展。

三、饮料的食品安全风险评估及分级

（一）风险发生可能性分析

风险发生可能性通过各类产品和指标项目的不合格频率综合评价分级。2015—2019 年，全国饮料食品抽检数据有 181690 批次，整体不合格有 7139 批次，不合格率为 3.93%。与其他各类食品相比，整体风险为高度（★★★★）。

主要不合格指标为污染物及微生物超标，详见表 5-7。其中，污染物中亚硝酸盐指标风险为高度（●●●●）。国家食品药品监督管理总局对市场上的饮料食品进行抽样检测，其中不合格批次占全部抽样批次的 22.75%。不合格指标包括亚硝酸盐超标①等，综合风险发生可能性为 b 级。微生物铜绿假单胞菌风险指标极高（●●●●●）。有研究对 2015—2017 年广东省桶装饮用水进行专项监测，铜绿假单胞菌不合格项目数占总体不合格项目数的 76.1%，是影响桶装饮用水食品安全最突出的问题。② 其次为菌落总数和大肠菌群，指标风险为高度（●●●●），以上指标综合风险发生可能性分别为 a 级和 b 级。霉菌和酵母指标风险中度（●●●），综合风险发生可能性均为 b 级。食品添加剂不合格指标为糖精钠，指标风险中度（●●●），综合风险发生可能性为 b 级。其余食品添加剂指标风险程度为低度或极低，综合风险发生可能性均为 c 级。

① 《2014 年国家食品药品监督管理总局第二阶段饮料安全监督抽检信息通报》，载《饮料工业》2014 年第 17 卷第 12 期，第 6~7 页。

② 周露、曾晓琮、丁清龙等：《GB 19298-2014 在广东省 2015 年~2017 年桶装饮用水专项监测中的应用研究》，载《食品与发酵科技》2019 年第 55 卷第 2 期，第 125~128 页。

表 5-7 饮料食品风险发生可能性分级

产品及风险等级	安全指标项目		指标风险等级	风险发生可能性
饮料食品 ★★★★	污染物	亚硝酸盐	●●●●	b
		总砷（以 As 计）	●●	c
		硝酸盐	●●	c
		铅（以 Pb 计）	●●	c
	微生物	铜绿假单胞菌	●●●●●	a
		菌落总数	●●●●	b
		大肠菌群	●●●●	b
		酵母菌	●●●	b
		霉菌和酵母	●●●	b
		霉菌	●●●	b
		金黄色葡萄球菌	●●	c
		商业无菌	●	c
	食品添加剂	糖精钠	●●●	b
		脱氢乙酸及其钠盐（以脱氢乙酸计）	●●	c
		甜蜜素（以环己基氨基磺酸计）	●●	c
		苯甲酸及其钠盐（以苯甲酸计）	●●	c
		安赛蜜	●●	c
		苋菜红及其铝色淀	●●	c
		胭脂红及其铝色淀	●●	c
		山梨酸及其钾盐（以山梨酸计）	●●	c
		防腐剂各自用量占其最大使用量比例之和	●●	c
		柠檬黄及其铝色淀	●	c
		日落黄及其铝色淀	●	c
		琥珀酸柠檬酸铁钠	●	c
		纳他霉素	●	c
		维生素 B_{12}	●	c
		肌醇	●	c
		纽甜	●	c
		二氧化硫残留量	●	c

（二）风险结局严重性分析

饮料食品安全风险结局的严重性主要通过污染物、微生物和食品添加剂等安全指标的致病性和潜伏期特点进行评价，详见表5-8。

随着近年来我国经济的高速发展，水中氮类污染物含量不断增加。净水厂在出水过程中受管网水利条件、溶解氧、pH和生物膜等因素影响，可能生成亚硝酸盐。① 亚硝酸盐导致身体不适的潜伏期较短，其作为硝化反应的中间产物，饮用水中亚硝酸盐的含量较高时，会对人体健康产生一定负面影响，如诱发高铁血红蛋白症、食道癌等病症。② 铅和总砷等重金属污染物具有较强蓄积性，引起身体不适的潜伏期可能达数年。摄入重金属含量超标的食品过多或长期食用会对人体健康造成巨大损害，导致肾脏、骨骼和消化系统损伤，影响神经系统，严重者导致中枢神经系统麻痹和死亡。因此，以上污染物超标具有中度致病性（▲▲▲）。总砷和铅在人体内具有较高的蓄积性，属于慢性中毒因而潜伏期很长（◆），亚硝酸盐潜伏期较短（◆◆◆），综合判断风险结局严重性为水平3。

铜绿假单胞菌广泛存在于自然界，是污染自然水源的一种重要致病菌，可能会导致人体肠道疾病、皮肤炎症和继发性化脓感染等。③ 菌落总数、大肠菌群、酵母菌、霉菌和酵母、霉菌等是评价饮料食品被细菌污染程度的安全指标。菌落总数超标表明食品已经被细菌污染，容易发生腐败变质问题，影响食品的安全及营养价值。大肠菌群是评价食品受到人与温血动物粪便污染的指标，同时也是肠道致病菌群污染食品的指标。指标超出限量要求时，容易引起腹泻、肠胃感染等疾病。霉菌和酵母是评价食品受到真菌污染的重要指标，真菌可能会产生有毒的代谢产物（真菌毒素），引起急性或慢性食源性疾病，具有强烈的致病性和致癌性。④ 金黄色葡萄球菌是一种严重的食源性致病菌，其

---

① 周琴娅：《城区供水水源优化配置及供水调度方案研究》，载《水利科学与寒区工程》2021年第4卷第4期，第109~111页。

② 郭文路、肖彬彬：《衡阳市生活饮用水中亚硝酸盐氮的危害风险评估》，载《城镇供水》2022年第2期，第54页。

③ 任道援：《包装饮用水中铜绿假单胞菌来源及其危害》，载《食品安全导刊》2018年第27期，第138页。

④ 孙皖如、马玉帅、许向华、张玉妥：《食源性霉菌和酵母菌检测技术进展》，载《河北北方学院学报（自然科学版）》2019年第35卷第3期，第48~52页。

可能携带产肠毒素基因①，由此产生的肠毒素会引起呕吐、腹部痉挛或腹泻等疾病。商业无菌是罐藏食品评价致病性微生物污染的检验指标，其不合格的主要原因是生产过程中卫生不达标造成产品污染（食品或包装污染）或灭菌的温度和时间未达到生产工艺要求。该指标不合格会导致食品腐败变质，引起呕吐、腹泻和肠炎等疾病。饮料食品中铜绿假单胞菌、菌落总数、大肠菌群、酵母菌、霉菌和酵母、霉菌、金黄色葡萄球菌和商业无菌污染均属于中度致病性（▲▲▲），且潜伏期较短（◆◆◆），容易引发呕吐、腹泻等急性疾病，综合评价其风险结局严重性为水平 3。

食品添加剂中糖精钠作为一种人工合成的甜味剂，食用后对人体不提供营养价值，其安全性一直存在争议。② 饮料食品中食品添加剂指标不合格导致的致病性程度极低，同时具有极长的潜伏期，综合评价其风险结局严重性为水平 1。

表 5-8　饮料食品风险结局严重性分级

安全指标项目		致病性	潜伏期	风险结局严重性
污染物	亚硝酸盐	▲▲▲	◆◆◆	3
	总砷（以 As 计）	▲▲▲	◆	2
	硝酸盐	▲▲▲	◆	2
	铅（以 Pb 计）	▲▲▲	◆	2
微生物	铜绿假单胞菌	▲▲▲	◆◆◆	3
	菌落总数	▲▲▲	◆◆◆	3
	大肠菌群	▲▲▲	◆◆◆	3
	酵母菌	▲▲▲	◆◆◆	3
	霉菌和酵母	▲▲▲	◆◆◆	3
	霉菌	▲▲▲	◆◆◆	3
	金黄色葡萄球菌	▲▲▲	◆◆◆	3
	商业无菌	▲▲▲	◆◆◆	3

① 王晓旭、邓波、徐锋等：《上海地区生乳中金黄色葡萄球菌污染水平风险评估》，载《中国奶牛》2021 年第 5 期，第 24~27 页。

② 张桂清：《吉林省六市五类食品中糖精钠含量状况分析》，载《实验与检验医学》2010 年第 28 卷第 6 期，第 585~620 页。

续表

安全指标项目		致病性	潜伏期	风险结局严重性
食品添加剂	糖精钠	▲	◆	1
	脱氢乙酸及其钠盐（以脱氢乙酸计）	▲	◆	1
	甜蜜素（以环己基氨基磺酸计）	▲	◆	1
	苯甲酸及其钠盐（以苯甲酸计）	▲	◆	1
	安赛蜜	▲	◆	1
	苋菜红及其铝色淀	▲	◆	1
	胭脂红及其铝色淀	▲	◆	1
	山梨酸及其钾盐（以山梨酸计）	▲	◆	1
	防腐剂各自用量占其最大使用量比例之和	▲	◆	1
	柠檬黄及其铝色淀	▲	◆	1
	日落黄及其铝色淀	▲	◆	1
	琥珀酸柠檬酸铁钠	▲	◆	1
	纳他霉素	▲	◆	1
	维生素 B_{12}	▲	◆	1
	肌醇	▲	◆	1
	纽甜	▲	◆	1
	二氧化硫残留量	▲	◆	1

（三）风险评估分级

饮料食品安全风险评估整体结果及分析结果详见表 5-9。其中，微生物指标风险较高，铜绿假单胞菌的风险发生可能性为 a 级，风险结局严重性为水平 3，综合评价为极严重风险（E 级）。其次是菌落总数、大肠菌群、霉菌和酵母的风险发生可能性为 b 级，风险结局严重性为水平 3，综合风险评价为 H 级。金黄色葡萄球菌和商业无菌的风险发生可能性为 c 级，风险结局严重性为水平 3，综合风险评价为 H 级。微生物污染多是在加工、储存和运输等过程中造成的，需要严格对生产设备及储存条件进行杀菌处理，以保证产品全链条的洁净与安全。

污染物中亚硝酸盐的风险发生可能性为 b 级，风险结局严重性为水平 3，综合风险评价为 H 级。总砷、硝酸盐和铅的风险发生可能性为 c 级，风险结局严重性为水平 2，综合风险评价为 M 级。污染物指标超标可能是由于水资源或原材料受到环境中重金属的污染，以及饮料加工设备的迁移所导致。需要消除污染源，妥善保管有毒金属及其化合物，制定相关限量标准，并加强监督检测。

食品添加剂中糖精钠的风险发生可能性为 b 级，风险结局严重性为水平 1，综合风险评价为 M 级。其余指标的风险发生可能性为 c 级，风险结局严重性为水平 1，综合风险评价为 L 级。

表 5-9 大型活动中饮料食品的安全风险评估分级

指标项目		风险发生可能性	风险结局严重性	综合评价
污染物	亚硝酸盐	b	3	H
	总砷（以 As 计）	c	2	M
	硝酸盐	c	2	M
	铅（以 Pb 计）	c	2	M
微生物	铜绿假单胞菌	a	3	E
	菌落总数	b	3	H
	大肠菌群	b	3	H
	酵母菌	b	3	H
	霉菌和酵母	b	3	H
	霉菌	b	3	H
	金黄色葡萄球菌	c	3	H
	商业无菌	c	3	H
食品添加剂	糖精钠	b	1	M
	脱氢乙酸及其钠盐（以脱氢乙酸计）	c	1	L
	甜蜜素（以环己基氨基磺酸计）	c	1	L
	苯甲酸及其钠盐（以苯甲酸计）	c	1	L
	安赛蜜	c	1	L
	苋菜红及其铝色淀	c	1	L
	胭脂红及其铝色淀	c	1	L
	山梨酸及其钾盐（以山梨酸计）	c	1	L
	防腐剂各自用量占其最大使用量比例之和	c	1	L
	柠檬黄及其铝色淀	c	1	L

续表

指标项目		风险发生可能性	风险结局严重性	综合评价
食品添加剂	日落黄及其铝色淀	c	1	L
	琥珀酸柠檬酸铁钠	c	1	L
	纳他霉素	c	1	L
	维生素 B_{12}	c	1	L
	肌醇	c	1	L
	纽甜	c	1	L
	二氧化硫残留量	c	1	L

（四）相关保障政策措施

原材料是影响饮料食品品质的重要因素之一，生产企业需要整合各种原料水资源，保证从原材料供应至终端产品生产的全产业链条的食品安全控制。加强对水源的质量安全控制，使用符合国家饮用水标准的纯净水，杜绝使用污染水源进行加工生产。规范生产企业对食品添加剂的使用，避免过多或违规使用。加强生产环节的卫生监管，做好前期生产设备和后期储存环境的消毒工作，保障饮料食品安全。① 建立健全企业内部的监督预警机制，定期审查产品开发阶段食品添加剂的合规性，在产品开发阶段杜绝各种食品添加剂超标行为。②

建立健全我国饮料食品生产安全控制体系，制定强有力的食品安全国家标准和行业标准极为重要。饮料食品行业必须具有完善的生产安全控制体系，精准把握食品饮料生产过程中的关键控制点。规范生产过程的操作流程，为饮料食品安全提供强有力的保障。③ 同时，要加强饮料食品安全检测监管队伍建设，从根本上保障饮料食品行业的安全生产，促进饮料食品行业的快速发展。

---

① 谢珊、许士池、张富敏等：《理化检验质量控制在突发公共卫生事件中的应用》，载《检验检疫学刊》2019 年第 29 卷第 2 期，第 126~127 页。

② 范军营：《食品饮料加工生产质量安全控制研究》，载《食品安全导刊》2021 年第 28 期，第 48~49 页。

③ 徐风：《为食品小作坊“定做”安全门槛》，载《中国质量报》2009 年 4 月 16 日第 1 版。

四、冷冻饮品的食品安全风险评估及分级

（一）风险发生可能性分析

风险发生可能性通过各类产品和指标项目的不合格频率综合评价分级。2015—2019年，全国冷冻饮品共抽检12753批次，不合格572批次，不合格率为4.49%，整体风险级别为高度（★★★★）。不合格率较高的主要为微生物和食品添加剂指标，详见表5-10。其中，微生物不合格为主要风险指标。大肠菌群和菌落总数的指标风险等级极高（●●●●●），风险发生可能性为a级。大肠菌群超标可能是由于产品的加工原料、包装材料受到污染，或在产品生产过程中受人员、加工器具等生产设备、环境污染，或有灭菌工艺的产品灭菌不彻底而导致。食品的菌落总数严重超标，说明其产品的卫生状况达不到基本的卫生要求，食品的营养成分有可能被破坏，使用后可危害人体健康。甜蜜素的指标风险为中度（●●●），风险发生可能性为b级。其余微生物和食品添加剂问题的指标风险等级较低（●●），风险发生可能性均为c级。

表5-10　冷冻饮品食品风险发生可能性分级

产品及风险等级	安全指标项目		指标风险等级	风险发生可能性
冷冻饮品★★★★	微生物	大肠菌群	●●●●●	a
		菌落总数	●●●●●	a
		金黄色葡萄球菌	●●	c
		霉菌	●●	c
	食品添加剂	甜蜜素（以环己基氨基磺酸计）	●●●	b
		安赛蜜	●●	c
		糖精钠	●●	c
		柠檬黄及其铝色淀	●●	c
		脱氢乙酸及其钠盐（以脱氢乙酸计）	●●	c
		山梨酸及其钾盐（以山梨酸计）	●●	c

（二）风险结局严重性分析

食品安全风险结局的严重性主要通过微生物、食品添加剂等安全指标的致病性和潜伏期特点进行评价，详见表 5-11。

微生物污染是冷冻饮品中较为常见的问题，其中尤以大肠菌群、菌落总数和霉菌超标风险度较高。金黄色葡萄球菌风险度为极高水平，应给予重点关注。大肠菌群、菌落总数和霉菌一般具有潜伏期较短、致病性中度或低度的特点，整体评价其风险结局严重性为水平 3。大肠菌群是国内外通用的食品污染常用指示菌之一。食品中检出大肠菌群，提示被致病菌（如沙门氏菌、志贺氏菌、致病性大肠杆菌）污染的可能性较大。大肠菌群超标，会引起腹泻、肠胃感染等症状。致病性为中度（▲▲▲），潜伏期较短（◆◆◆），风险结局严重性为水平 3。菌落总数是用以判定食品被细菌污染的程度，反映食品新鲜程度和卫生状况的重要微生物指标，风险结局严重性为水平 3。除大肠菌群和菌落总数外，金黄色葡萄球菌和霉菌等微生物项目也存在少量超标现象。生产环境差，包装材料、生产设备清洗不足和原材料超标等均会导致金黄色葡萄球菌和霉菌超标。金黄色葡萄球菌是一种常见的食源性致病微生物，乳制品、肉类等生产企业较容易出现超标的问题。其致病性为中度（▲▲▲），潜伏期较短（◆◆◆◆），综合评价风险结局严重性为水平 4。霉菌是我们生活中无处不在的丝状真菌，有着极强的繁殖能力，遇到合适的环境就会大量繁殖。[①] 不同种类的霉菌，其生长繁殖和产毒能力也是有所差异的。因此，致病性整体评价为较低（▲▲），潜伏期较短（◆◆◆），综合评价其风险结局严重性为水平 3。食用已霉变或金葡菌超标的食品会引起不同程度的中毒，生产企业应认真、严格执行食品安全国家标准的相关规定，确保冷冻饮品食用安全。

冷冻饮品出现食品添加剂的风险等级为低度，致病性全部处于极低水平，潜伏期极长。比较常见的问题为甜蜜素超量使用等。食品添加剂问题在行业领域风险结局严重性为水平 1。

---

① 刘园、曹东丽、闫洁等：《冷冻饮品微生物污染风险分析和防治措施研究进展》，载《乳业科学与技术》2021 年第 44 卷第 5 期，第 58~62 页。

表 5-11　冷冻饮品风险结局严重性分级

指标项目		致病性	潜伏期	风险结局严重性
微生物	大肠菌群	▲▲▲	◆◆◆	3
	菌落总数	▲▲	◆◆◆	3
	金黄色葡萄球菌	▲▲▲	◆◆◆◆	4
	霉菌	▲▲	◆◆◆	3
食品添加剂	甜蜜素（以环己基氨基磺酸计）	▲	◆	1
	安赛蜜	▲	◆	1
	糖精钠	▲	◆	1
	柠檬黄及其铝色淀	▲	◆	1
	脱氢乙酸及其钠盐（以脱氢乙酸计）	▲	◆	1
	山梨酸及其钾盐（以山梨酸计）	▲	◆	1

（三）风险评估分级

大型活动中冷冻饮品的食品安全风险评估分级详见表 5-12。冷冻饮品中大肠菌群、菌落总数及金黄色葡萄球菌综合评价属于极严重风险（E 级）指标，大肠菌群和菌落总数主要问题是风险发生可能性极高（a 级），金葡菌是因为风险结局严重性极高，达到水平 4，所以导致指标综合评价等级为 E 级别。

高危险度风险（H 级）的指标有霉菌。甜蜜素属于中等危险度风险（M 级），其余指标属于低危险度风险（L 级）。微生物问题的风险结局严重性为水平 3（中等危险）和水平 4（高危险）。食品添加剂问题风险结局严重性为水平 1，可忽略。

表 5-12　大型活动中冷冻饮品的食品安全风险评估分级

安全指标项目		风险发生可能性	风险结局严重性	综合评价
微生物	大肠菌群	a	3	E
	菌落总数	a	3	E
	金黄色葡萄球菌	c	4	E
	霉菌	c	3	H

续表

安全指标项目		风险发生可能性	风险结局严重性	综合评价
食品添加剂	甜蜜素（以环己基氨基磺酸计）	b	1	M
	安赛蜜	c	1	L
	糖精钠	c	1	L
	柠檬黄及其铝色淀	c	1	L
	脱氢乙酸及其钠盐（以脱氢乙酸计）	c	1	L
	山梨酸及其钾盐（以山梨酸计）	c	1	L

（四）相关保障政策措施

基于对冷冻饮品监管过程中的实践经验和认识，结合冷冻饮品的生产和消费现状，认为冷冻饮品微生物污染的防控工作应重点监控生产加工、流通环节中影响产品质量安全的关键点。① 冷冻饮品生产加工流程较长，涉及配料、均质、杀菌、老化、凝冻和灌装等多个环节。因此，冷冻饮品生产加工企业应通过危害分析方法明确生产过程中的食品安全关键环节，并设立食品安全关键环节的控制措施。②

五、糖果和巧克力制品的食品安全风险评估及分级

（一）风险发生可能性分析

风险发生可能性通过各类产品和指标项目的不合格频率综合评价分级。2015—2019 年，全国糖果和巧克力制品共抽检 39177 批次，整体不合格 375 批次。与其他各类食品相比，不合格率较低（不合格率为 0.96%），风险等级为低度（★★）。

主要不合格指标为微生物、食品添加剂和污染物，详见表 5-13。微生物指

① 钟铮铮：《HACCP 管理体系在冰淇淋生产中的应用》，载《食品工程》2012 年第 1 期，第 56~59 页。

② 廖振宇、曹东丽、甄鹏等：《冷冻饮品质量安全风险分析及防控措施》，载《食品研究与开发》2018 年第 39 卷第 13 期，第 210~214 页。

标中大肠菌群和菌落总数风险极高（●●●●●），综合风险发生可能性均为 b 级。其次是甜蜜素、二氧化硫残留量、苯甲酸及其钠盐和胭脂红及其铝色淀指标风险较高（●●●●），综合风险发生可能性均为 c 级。整体上，食品添加剂超量使用发生概率较低。

表 5-13　糖果和巧克力制品风险发生可能性分级

产品及风险等级	安全指标项目		指标风险等级	风险发生可能性
糖果和巧克力制品★★	污染物	铅（以 Pb 计）	●●●	c
	微生物	大肠菌群	●●●●●	b
		菌落总数	●●●●●	b
		霉菌	●●●	c
		酵母菌	●●	d
	食品添加剂	甜蜜素（以环己基氨基磺酸计）	●●●●	c
		二氧化硫残留量	●●●●	c
		苯甲酸及其钠盐（以苯甲酸计）	●●●●	c
		胭脂红及其铝色淀	●●●●	c
		糖精钠	●●●	c
		安赛蜜	●●●	c
		相同色泽着色剂混合使用时各自用量占其最大使用量的比例之和	●●	d
		日落黄及其铝色淀	●●	d
		苋菜红及其铝色淀	●●	d
		柠檬黄及其铝色淀	●●	d
		山梨酸及其钾盐（以山梨酸计）	●●	d
		脱氢乙酸及其钠盐（以脱氢乙酸计）	●●	d

（二）风险结局严重性分析

食品安全风险结局的严重性主要通过污染物、微生物、食品添加剂等安全指标的致病性和潜伏期特点进行评价，详见表 5-14。

近年来，屡有监管部门爆出糖果和巧克力制品中铅等重金属超标的问题。[①]铅作为有毒重金属中的主要代表，对人体的危害最大。它对人体各系统均有毒害作用，主要病变在神经系统、造血系统和血管方面。因此，铅的致病性为中度（▲▲▲）。神经系统方面，早期可出现高级神经机能障碍，晚期则可造成器质性脑病及神经麻痹。铅对造血系统的影响主要是能干扰血红素的合成，进而造成贫血。同时，铅对儿童的生长发育影响极大，由于幼儿大脑对铅污染更为敏感，因此过量的铅残留会严重影响儿童的智力发育和行为。[②]正常情况下，铅需要长期摄入才会对人体造成危害，属于慢性毒性，因而潜伏期很长（◆）。因此，污染物铅综合评价风险结局严重性为水平 2。

大肠菌群具有较广的分布范围，大多存在于温血动物粪便中。大肠菌群在自然界存在的主要原因是人畜粪便对环境造成的污染。假如在食品中存在大肠杆菌，说明食品没有严格执行有效的消毒处理，没有良好的加工保存条件或者是在消毒过程中再次受到污染。[③]菌落总数不仅可以用来判定食品是否被污染，同时，也可应用这一方法作为观察细菌对食品污染程度的标志，或者观察细菌在食品中繁殖的动态，以便在对被检样品进行卫生学评价时提供依据。而食品中菌落总数严重超标，说明其产品的卫生状况达不到基本要求。食品的营养成分可能会被破坏，并加速食品的腐败变质，使食品失去食用价值。消费者食用微生物超标严重的食品，很容易患痢疾等肠道疾病，可能引起呕吐、腹泻等症状，危害人体健康。[④]因此，微生物致病性为中度（▲▲▲），且具有发病潜伏期短的特点（◆◆◆）。综合评价微生物对糖果和巧克力制品的风险结局严重性为水平 3，风险程度高。需要通过检测微生物残留量来反映产品质量，并进一步降低其风险结局的严重性，从而有效控制食品安全风险。

目前，食品添加剂的使用覆盖了所有的食品。尽管食品添加剂在用于食品之前，其安全性已在实验室中进行了多次测试，但是有些食品添加剂的安全性仍值得我们怀疑。我们所面临的食品添加剂在食品中混合使用、毒性叠加、使

---

① 谷满屯、康蕊、符郁馥等：《电感耦合等离子体质谱法测定糖果中铅含量的不确定度评定》，载《食品安全质量检测学报》2020 年第 11 卷第 7 期，第 2234~2239 页。

② 曹秀珍、曾婧：《我国食品中铅污染状况及其危害》，载《公共卫生与预防医学》2014 年第 25 卷第 6 期，第 77~79 页。

③ 赵冰、马国静：《探讨大肠菌群快速检测技术及其在营养与食品卫生检测中的应用》，载《世界最新医学信息文摘》2018 年第 18 卷第 39 期，第 129、133 页。

④ 蒋晓玲、马艳琳、姚武：《实验室的故事之菌落总数》，载《中国海关》2020 年第 8 期，第 50 页。

用过量、滥用非食品添加剂等问题十分突出，持续使用会在人体内出现累积效应并长期作用于人体，如慢性毒性、致癌性、致突变性和致畸性等，对人类健康具有潜在的威胁。[①] 在糖果和巧克力制品中超范围使用的品种主要是甜味剂、防腐剂和着色剂。其中，甜蜜素（以环己基氨基磺酸计）的批次检测不合格率为 9.24%，超标使用会有致癌风险。苯甲酸及其钠盐（以苯甲酸计）的批次检测不合格率为 3.08%，长期过量摄入会引起慢性苯中毒、哮喘、婴幼儿和老年人肝功能衰弱等症状。胭脂红及其铝色淀的批次检测不合格率为 3.08%，合成色素是以苯、甲苯、萘等化工产品为原料，经过磺化、硝化、卤化、偶氮化等有机反应化合而成。其合成色素多为偶氮化合物，成本低廉，色泽鲜艳，着色力强，对光、热、氧气和 pH 值稳定。尽管合成色素使用量很少，但容易在人体内不被吸收、代谢，可能具有致泻、致癌和致畸等作用，其安全性和危害性不容忽视。由于食品添加剂一般经过食品安全风险评估，除脱氢乙酸及其钠盐（以脱氢乙酸计）外，其余致病性极低（▲）、潜伏期极长（◆），因此其风险结局严重性均为水平 1，风险较低。

表 5-14　糖果和巧克力制品风险结局严重性分级

安全指标项目		致病性	潜伏期	风险结局严重性
污染物	铅（以 Pb 计）	▲▲▲	◆	2
微生物	大肠菌群	▲▲▲	◆◆◆	3
	菌落总数	▲▲▲	◆◆◆	3
	霉菌	▲▲▲	◆◆◆	3
	酵母菌	▲▲▲	◆◆◆	3
食品添加剂	甜蜜素（以环己基氨基磺酸计）	▲	◆	1
	二氧化硫残留量	▲	◆	1
	苯甲酸及其钠盐（以苯甲酸计）	▲	◆	1
	胭脂红及其铝色淀	▲	◆	1
	糖精钠	▲	◆	1
	安赛蜜	▲	◆	1

① 王明强、陈顺浩、浦绍飞：《预防和控制食品添加剂对食品安全的影响及防止对策》，载《中国调味品》2012 年第 37 卷第 4 期，第 14~19、23 页。

续表

安全指标项目		致病性	潜伏期	风险结局严重性
食品添加剂	相同色泽着色剂混合使用时各自用量占其最大使用量的比例之和	▲	◆	1
	日落黄及其铝色淀	▲	◆	1
	苋菜红及其铝色淀	▲	◆	1
	柠檬黄及其铝色淀	▲	◆	1
	山梨酸及其钾盐（以山梨酸计）	▲	◆	1
	脱氢乙酸及其钠盐（以脱氢乙酸计）	▲▲	◆◆	1

（三）风险评估分级

大型活动中糖果和巧克力制品的食品安全风险评估分级详见表 5-15。糖果和巧克力制品中无极严重风险（E 级）指标，达到高危险度风险（H 级）的指标分别为大肠菌群、菌落总数和霉菌。糖果和巧克力制品中的微生物类群主要受配料和制造方法影响。由于其水分活度较低，且经过热加工处理，因此大多数微生物无法生长繁殖，但仍然存在少部分耐热芽孢菌和耐渗透压酵母能够存活。而糖果和巧克力制品中的白糖、可可脂、蛋白质和奶油等配料，作为营养物质会给微生物提供适合的生长环境，容易导致其腐败变质。①

中等危险度风险（M 级）指标分别为铅和酵母。糖果和巧克力制品作为日常零食，其市场份额潜力持续扩张，已成为我国休闲食品的支柱性产业。而在生产过程中，存在着因生产设备、外包装以及使用劣质食品添加剂等污染导致的铅等重金属超标问题。

其余食品添加剂指标和微生物指标均为低危险度风险（L 级）。

表 5-15　大型活动中糖果和巧克力制品的食品安全风险评估分级

指标项目		风险发生可能性	风险结局严重性	综合评价
污染物	铅（以 Pb 计）	c	2	M

① 王绍树：《有关糖果制品的微生物》，载《天津食品科研》1981 年第 2 期，第 39~42 页。

续表

指标项目		风险发生可能性	风险结局严重性	综合评价
微生物	大肠菌群	b	3	H
	菌落总数	b	3	H
	霉菌	c	3	H
	酵母菌	d	3	M
食品添加剂	甜蜜素（以环己基氨基磺酸计）	c	1	L
	二氧化硫残留量	c	1	L
	苯甲酸及其钠盐（以苯甲酸计）	c	1	L
	胭脂红及其铝色淀	c	1	L
	糖精钠	c	1	L
	安赛蜜	c	1	L
	相同色泽着色剂混合使用时各自用量占其最大使用量的比例之和	d	1	L
	日落黄及其铝色淀	d	1	L
	苋菜红及其铝色淀	d	1	L
	柠檬黄及其铝色淀	d	1	L
	山梨酸及其钾盐（以山梨酸计）	d	1	L
	脱氢乙酸及其钠盐（以脱氢乙酸计）	d	1	L

（四）相关保障政策措施

糖果和巧克力制品生产企业应关注新标准、新法规的发布，要及时调整产品生产、包装设计等以满足新标准要求。① 生产企业要严把原料采购关，在采购原料时，采购人员需要按照原料要求采购合格的原料。不应只顾成本而忽略原材料质量，应严格执行进货检验制度，预防不合格的原材料流入生产环节，从源头上保证产品的质量。

同时，企业必须配备合格的管理人员、技术人员和操作人员，要对员工进行糖果和巧克力工艺水平的培训、考核，确保糖果和巧克力技术人员在现场对关键控制点的有效巡查。操作人员能严格按照糖果和巧克力工艺规范进行作

① 张华燕：《我国糖果制品行业质量调研报告》，载《质量与标准化》2014 年第 3 期，第 35~38 页。

业，如食用色素添加工艺，应确保其均一性并控制添加限量。各生产场所要布局合理，选料与生产区应分别设置。原料与成品和储存、加工过程中的半成品无交叉污染，应满足工艺卫生要求。包装环境、人员、设施应严格消毒，以保证产品不受到交叉污染。

六、酒类的食品安全风险评估及分级

（一）风险发生可能性分析

风险发生可能性通过各类产品和指标项目的不合格频率综合评价分级。2015—2019 年，全国酒类食品抽检数据有 19783 批次，整体不合格有 4878 批次。与其他各类食品相比，不合格率较高（不合格率为 3.17%），风险等级为高度（★★★★）。

主要的不合格指标为食品添加剂、污染物、微生物和非法添加，详见表 5-16。饮料酒类产品分为发酵酒、蒸馏酒和配制酒。我国规定发酵酒和蒸馏酒中不得添加人工合成的着色剂，不得添加人工合成的甜味剂[①]，而酒类食品中食品添加剂甜蜜素（以环己基氨基磺酸计）指标风险极高（●●●●●），综合风险发生可能性为 a 级。糖精钠指标风险较高（●●●●），安赛蜜、纽甜、山梨酸及其钾盐（以山梨酸计）指标风险为中度（●●●），综合风险发生可能性均为 b 级。整体上，酒类食品中食品添加剂甜味剂超标发生概率较高，微生物指标超标和非法添加发生概率较低。

表 5-16 酒类的食品安全风险发生可能性分级

产品及风险等级	安全指标项目		指标风险等级	风险发生可能性
酒类 ★★★★	污染物	邻苯二甲酸二丁酯（DBP）	●●	c
		铅（以 Pb 计）	●●	c
	微生物	金黄色葡萄球菌	●	c
		大肠菌群	●	c
		酵母菌	●	c

① 郭红云：《酒类食品添加剂的检测与分析》，载《中国标准化》2017 年第 2 期，第 14 页。

续表

产品及风险等级	安全指标项目		指标风险等级	风险发生可能性
酒类★★★★	食品添加剂	甜蜜素（以环己基氨基磺酸计）	●●●●●	a
		糖精钠	●●●●	b
		安赛蜜	●●●	b
		纽甜	●●●	b
		山梨酸及其钾盐（以山梨酸计）	●●●	b
		三氯蔗糖	●●	c
		苯甲酸及其钠盐（以苯甲酸计）	●●	c
		苋菜红及其铝色淀	●●	c
		阿斯巴甜	●●	c
		脱氢乙酸及其钠盐（以脱氢乙酸计）	●●	c
		二氧化硫残留量	●●	c
		胭脂红及其铝色淀	●●	c
		亮蓝及其铝色淀	●	c
		纳他霉素	●	c
		柠檬黄及其铝色淀	●	c
		日落黄及其铝色淀	●	c
	非法添加	西地那非	●	c
		他达那非	●	c

（二）风险结局严重性分析

食品安全风险结局的严重性主要通过风险指标的致病性和潜伏期特点进行评价，详见表 5-17。污染物中铅与邻苯二甲酸二丁酯（DBP）的致病性均较高（▲▲▲▲），潜伏期很长（◆）。

白酒中最常见的塑化剂是邻苯二甲酸二丁酯（DBP）。[①] 2016 年我国发布了《食品安全国家标准　食品中邻苯二甲酸酯的测定》（GB 5009. 271-2016）。欧盟《食品接触塑料材料和制品法规》中规定在用作与非脂肪类食品接触的重

① 王燕飞、黄丹、陈莉等：《基于荧光探针的白酒中邻苯二甲酸二丁酯（DBP）检测方法的研究》，载《酿酒科技》2021 年第 7 期，第 119~124 页。

复使用材料和制品中邻苯二甲酸二丁酯（dibutyl phthalate，DBP）含量不能超过0.05%。[①] 白酒中的铅主要是由蒸馏器、冷凝器、导管和储酒容器中的铅经溶蚀而带入，这些设备的铅含量越高，酒的酒度越高，则设备的铅溶蚀越大。[②] 污染物综合判断风险结局严重性为水平3。

微生物中金黄色葡萄球菌的致病性为中度（▲▲▲），潜伏期较短（◆◆◆◆）。金黄色葡萄球菌可引起多种感染性疾病，包括皮肤感染、肺炎、感染性关节炎、心内膜炎和中毒性休克综合征等[③]，其风险结局严重性为水平4。大肠菌群的致病性为中度（▲▲▲），潜伏期为中等长度（◆◆◆）。大肠菌群超标指示食品被致病菌（如沙门氏菌、志贺氏菌、致病性大肠杆菌）污染的可能性较大[④]，其风险结局严重性为水平3。酵母菌致病性较低（▲▲），潜伏期为中等长度（◆◆◆），其风险结局严重性为水平3。

所有超标的食品添加剂指标致病性均极低（▲），潜伏期均极长（◆），食品添加剂综合判断风险结局严重性为水平1。

非法添加中西地那非和他达那非致病性均较低（▲▲），潜伏期均较长（◆◆）。西地那非和他达那非为治疗男性性功能障碍的处方药物，具有一定的副作用，容易引起头痛、头晕、鼻塞和视觉障碍等症状。对于心血管疾病患者，甚至有可能造成突然死亡的后果。我国严禁在食品和保健食品中添加西地那非与他达那非，一些不法厂商在一些露酒产品中非法加入此类药物，以增强抗疲劳的功效，提高产品的竞争力。[⑤] 非法添加综合判断风险结局严重性为水平2。

---

① 吕慧威、耿迪、解慧等：《啤酒中邻苯二甲酸酯检测方法优化及迁移量研究》，载《中国酿造》2021年第40卷第8期，第157~162页。

② 张自军：《浅析白酒中铅含量超标原因及解决措施》，载《酿酒科技》2007年第3期，第73~74页。

③ 孙建林、吕新翔：《金黄色葡萄球菌的致病机制》，载《医学综述》2022年第28卷第12期，第2363~2367页。

④ 赵娅柔、张秀宇、左敏等：《2016—2019年前三季度我国乳制品监督抽检结果分析》，载《食品安全质量检测学报》2021年第12卷第3期，第1184~1191页。

⑤ 张书文、王锟、韩圣谦：《超高效液相色谱—串联质谱法同时测定露酒中伐地那非、西地那非和他达拉非含量》，载《化学分析计量》2016年第25卷第1期，第44~46页。

表 5-17　酒类的食品安全风险结局严重性分级

安全指标项目		致病性	潜伏期	风险结局严重性
污染物	邻苯二甲酸二丁酯（DBP）	▲▲▲▲	◆	3
	铅（以 Pb 计）	▲▲▲▲	◆	3
微生物	金黄色葡萄球菌	▲▲▲	◆◆◆◆	4
	大肠菌群	▲▲▲	◆◆◆	3
	酵母菌	▲▲	◆◆◆	3
食品添加剂	甜蜜素（以环己基氨基磺酸计）	▲	◆	1
	糖精钠	▲	◆	1
	安赛蜜	▲	◆	1
	纽甜	▲	◆	1
	山梨酸及其钾盐（以山梨酸计）	▲	◆	1
	三氯蔗糖	▲	◆	1
	苯甲酸及其钠盐（以苯甲酸计）	▲	◆	1
	苋菜红及其铝色淀	▲	◆	1
	阿斯巴甜	▲	◆	1
	脱氢乙酸及其钠盐（以脱氢乙酸计）	▲	◆	1
	二氧化硫残留量	▲	◆	1
	胭脂红及其铝色淀	▲	◆	1
	亮蓝及其铝色淀	▲	◆	1
	纳他霉素	▲	◆	1
	柠檬黄及其铝色淀	▲	◆	1
	日落黄及其铝色淀	▲	◆	1
非法添加	西地那非	▲▲	◆◆	2
	他达那非	▲▲	◆◆	2

（三）风险评估分级

大型活动中酒类食品安全风险评估分级详见表 5-18。酒类中微生物指标风险较高，其中金黄色葡萄球菌的风险发生可能性为 c 级，风险结局严重性为水平 4，综合评价为极严重风险（E 级）。大肠菌群与酵母菌综合评价均达到了 H

级。酒类食品中微生物超标原因可能是产品酒本身灭菌不过关、运输管道灭菌不彻底、无菌灌装间空气净化不符合要求等。[①]

其次是污染物，其中邻苯二甲酸二丁酯（DBP）和铅（以 Pb 计）的风险发生可能性均为 c 级，风险结局严重性均为水平 3，综合评价达到了 H 级。铅超标原因可能是由生产、运输和储存中容器污染所致。

非法添加中西地那非和他达那非的风险发生可能性均为 c 级，风险结局严重性均为水平 2，综合评价达到了 M 级。应加强抽检与管理，严厉打击不法商贩的违法添加。

食品添加剂中甜蜜素（以环己基氨基磺酸计）的风险发生可能性较高（a 级），风险结局严重性为水平 1，综合评价达到了 H 级。糖精钠、安赛蜜、纽甜、山梨酸及其钾盐（以山梨酸计）的综合评价均为 M 级，其余食品添加剂都在低危险度风险等级（L 级）。

表 5-18 大型活动中酒类的食品安全风险评估分级

指标项目		风险发生可能性	风险结局严重性	综合评价
污染物	邻苯二甲酸二丁酯（DBP）	c	3	H
	铅（以 Pb 计）	c	3	H
微生物	金黄色葡萄球菌	c	4	E
	大肠菌群	c	3	H
	酵母菌	c	3	H
食品添加剂	甜蜜素（以环己基氨基磺酸计）	a	1	H
	糖精钠	b	1	M
	安赛蜜	b	1	M
	纽甜	b	1	M
	山梨酸及其钾盐（以山梨酸计）	b	1	M
	三氯蔗糖	c	1	L
	苯甲酸及其钠盐（以苯甲酸计）	c	1	L
	苋菜红及其铝色淀	c	1	L
	阿斯巴甜	c	1	L

① 黄宏慧：《低度甜型葡萄酒微生物超标的原因及对策》，载《广西轻工业》2007 年第 7 期，第 9 页。

续表

指标项目		风险发生可能性	风险结局严重性	综合评价
食品添加剂	脱氢乙酸及其钠盐（以脱氢乙酸计）	c	1	L
	二氧化硫残留量	c	1	L
	胭脂红及其铝色淀	c	1	L
	亮蓝及其铝色淀	c	1	L
	纳他霉素	c	1	L
	柠檬黄及其铝色淀	c	1	L
	日落黄及其铝色淀	c	1	L
非法添加	西地那非	c	2	M
	他达那非	c	2	M

（四）相关保障政策措施

在标准制定方面，我国酒类食品现行有效的标准有《食品安全国家标准 蒸馏酒及其配制酒》（GB 2757-2012）、《食品安全国家标准 发酵酒及其配制酒》（GB 2758-2012）、《葡萄酒》（GB/T 15037-2006）、《啤酒》（GB/T 4927-2008）等。

为预防酒类食品中微生物与污染物超标，应加强生产企业的卫生管理。从产品的源头出发，从原材料的运输、储存、加工和包装以及成品的运输和储存，每一个环节都加强卫生管理，防止产品遭受污染。同时，严格要求生产企业对食品添加剂的使用，如人工合成的着色剂和甜味剂等。加强抽检与监管，严厉打击非法添加的不法商贩，保障酒类食品的食品安全。

七、特殊膳食的食品安全风险评估及分级

（一）风险发生可能性分析

风险发生可能性通过各类产品和指标项目的不合格频率综合评价分级。通过对2015—2019年特殊膳食食品的抽检数据统计来看，共抽检30278批次，其中不合格有622批次，不合格率为2.05%，整体风险水平为中度（★★★）。

总体分析发现，造成特殊膳食不合格的主要指标为污染物、微生物、食品添加剂和生物毒素等有害物质超标问题。其中，菌落总数不合格频次最高，风险发生可能性为 b 级，其余指标为 c 级，详见表 5-19。

表 5-19　特殊膳食食品风险发生可能性分级

产品及风险等级	安全指标项目		指标风险等级	风险发生可能性
特殊膳食★★★	污染物	硝酸盐	●●	c
		镉（以 Cd 计）	●●	c
		亚硝酸盐	●●	c
	微生物	菌落总数	●●●●	b
		阪崎肠杆菌	●●●	c
		大肠菌群	●●	c
	食品添加剂	肌醇	●●	c
		维生素 A	●●	c
	生物毒素	黄曲霉毒素 B_1	●●●	c

（二）风险结局严重性分析

食品安全风险结局的严重性主要通过污染物、微生物和食品添加剂等安全指标的致病性和潜伏期特点进行评价，详见表 5-20。

根据表 5-20 分析可知，由于微生物污染一般致病性为中度（▲▲▲）或低度（▲▲），潜伏期也达到了中等时间长度（◆◆◆），因此特殊膳食中微生物不合格风险的结局严重性为水平 3。此外，风险的结局严重性程度达到中度的还有亚硝酸盐和镉。其余不合格指标中，由于黄曲霉毒素 B_1 的致病性达到中度，潜伏期较长，因此风险结局严重性也为水平 3。除以上外，阪崎肠杆菌相关的感染虽较为少见，但其引起的常见疾病症状可能包括发烧、呕吐和尿路感染等。然而，脆弱和免疫功能低下的人群可能更容易受到感染。其余指标的风险结局严重性较低，均在 3 级以下。

表 5-20 特殊膳食食品风险结局严重性分级

安全指标项目		致病性	潜伏期	风险结局严重性
污染物	硝酸盐	▲▲▲	◆	2
	镉（以 Cd 计）	▲▲▲▲	◆	3
	亚硝酸盐	▲▲▲	◆◆◆	3
微生物	菌落总数	▲▲	◆◆◆	3
	阪崎肠杆菌	▲▲▲	◆◆◆	3
	大肠菌群	▲▲▲	◆◆◆	3
食品添加剂	肌醇	▲	◆	1
	维生素 A	▲	◆	1
生物毒素	黄曲霉毒素 B_1	▲▲▲	◆◆	3

（三）风险评估分级

从整体分析来看，特殊膳食食品风险中等，不合格率也较低。造成不合格风险的原因主要来自产品本身的污染，如微生物的污染，综合风险评价为 H 级。其次是少量的镉及亚硝酸盐的影响，综合风险评价为 H 级。最后一类是营养强化剂添加使用量的问题，此类情况具有危害水平低（风险结局严重性为水平 1）、风险发生可能性小（为 c 级）的特点，因此综合风险评价为 L 级，详见表 5-21。

表 5-21 大型活动中特殊膳食的食品安全风险评估分级

指标项目		风险发生可能性	风险结局严重性	综合评价
污染物	硝酸盐	c	2	M
	镉（以 Cd 计）	c	3	H
	亚硝酸盐	c	3	H
微生物	菌落总数	b	3	H
	阪崎肠杆菌	c	3	H
	大肠菌群	c	3	H
食品添加剂	肌醇	c	1	L
	维生素 A	c	1	L
生物毒素	黄曲霉毒素 B_1	c	3	H

（四）相关保障政策措施

一般食品的安全隐患以及风险主要来自食品生产经营活动的参与者，包括原材料供应商、食品生产商、运输储藏商和销售商等。而食品本身的微生物病原体以及生物毒性也是食品风险的重要来源。特殊膳食作为一种特殊的食品，其安全隐患和风险与食品有一定的共性，但是也存在不同之处。特殊膳食原材料一般为天然具有各种营养成分的物质，如乳粉、全谷物、果蔬、膳食纤维、糙米和有机粮食等天然营养食物。特殊膳食的主要功效是强化营养，因此特殊膳食行业对原材料的监管应更为严格。厂商在选购原材料时也会选择较为优质的原材料，用以保证特殊膳食的安全和营养作用。一般食品的风险在于微生物病原体、生物毒素以及化学污染等，而特殊膳食的原材料本身不能带有生物毒素，其原材料在种植和加工过程中会或多或少受到化学污染的影响。为了从源头确保原材料的天然、无污染，各个原材料供应商都在采取新技术，如无土栽培、水培等。此外，即使有少部分原材料在生产过程中存在部分微生物病原体，原材料供应商或者厂商在生产过程中也会采取高温消毒、紫外线杀菌等方式进行消毒，以最大程度确保特殊膳食原材料的可靠性和安全性，减少食品安全隐患和风险的出现。

八、保健食品的食品安全风险评估及分级

（一）风险发生可能性分析

风险发生可能性通过各类产品和指标项目的不合格频率综合评价分级。统计 2015—2019 年保健食品抽检数据，抽检数量共计 39002 批次。其中，不合格有 797 批次，不合格率为 2.04%，整体风险程度为中度水平（★★★）。主要的不合格指标类别包括污染物、微生物、食品添加剂、生物毒素、农残和非法添加等。其中，重金属中的铅、总砷，微生物中的菌落总数、霉菌和酵母、大肠菌群，以及非法添加格列本脲的不合格频次最高，风险发生可能性为 b 级，其余指标均为 c 级，详见表 5-22。

表 5-22 保健食品风险发生可能性分级

产品及风险等级	安全指标项目		指标风险等级	风险发生可能性
保健食品★★★	污染物	铅（以 Pb 计）	●●●●	b
		总砷（以 As 计）	●●●●	b
		总汞（以 Hg 计）	●●●	c
		铬（以 Cr 计）	●●	c
	微生物	菌落总数	●●●●	b
		霉菌和酵母	●●●●	b
		大肠菌群	●●●●	b
		嗜酸乳杆菌	●●	c
		双歧杆菌	●●	c
		植物乳杆菌	●●	c
		金黄色葡萄球菌	●●	c
	食品添加剂	山梨酸及其钾盐（以山梨酸计）	●●	c
		柠檬黄及其铝色淀	●●	c
		维生素 B_2	●●	c
		脱氢乙酸及其钠盐（以脱氢乙酸计）	●●	c
		胭脂红及其铝色淀	●●	c
		卵磷脂	●●	c
		维生素 B_{12}	●●	c
		甜蜜素（以环己基氨基磺酸计）	●●	c
		苯甲酸及其钠盐（以苯甲酸计）	●●	c
		亮蓝及其铝色淀	●●	c
	生物毒素	桔青霉素	●●	c
	农残	蒽醌	●●	c
		滴滴涕	●●	c
	非法添加	西地那非	●●●●	c
		格列本脲	●●●●	b
		盐酸苯乙双胍	●●●	c
		酚酞	●●●	c
		二甲双胍	●●	c

续表

产品及风险等级	安全指标项目		指标风险等级	风险发生可能性
保健食品★★★	非法添加	吡格列酮	●●	c
		西布曲明	●●	c
		马来酸罗格列酮	●●	c
		他达拉非	●●	c
		格列吡嗪	●●	c
		卡托普利	●●	c
		褪黑素	●●	c
		双氯芬酸钠	●●	c
		吡罗昔康	●●	c
		硝苯地平	●●	c

（二）风险结局严重性分析

食品安全风险结局的严重性主要通过污染物、微生物、食品添加剂、生物毒素、农残和非法添加等安全指标的致病性和潜伏期特点进行评价，详见表5-23。

根据表5-23分析可知，由于重金属污染一般具有蓄积毒性，长期食用重金属含量超标的产品会造成器官损伤甚至死亡。因此，其致病性较高，为高度（▲▲▲▲）。正常情况下，除总砷以外的重金属污染需要长期摄入才会造成危害，属于慢性毒性，因而潜伏期很长。重金属污染的潜伏期极短（◆），因此，铅、总汞、铬污染物综合判断风险结局严重性为水平3。而总砷由于具有较快的致病反应，评价风险结局严重性为水平4，具有高度危害性。此外，风险结局严重性程度为水平4的还有金黄色葡萄球菌污染。金黄色葡萄球菌能够产生肠毒素，引起食物中毒。近年来，金黄色葡萄球菌引发的食物中毒报道层出不穷。由金黄色葡萄球菌引起的食物中毒占食源性微生物食物中毒事件的25%左右，金黄色葡萄球菌成为仅次于沙门氏菌和副溶血弧菌的第三大微生物致病菌。其余不合格指标中，菌落总数、霉菌和酵母、大肠菌群、嗜酸乳杆菌、双歧杆菌和植物乳杆菌等微生物污染，生物毒素（桔青霉素），蒽醌和滴滴涕等农残较为常见。且致病性达到低度或中度，潜伏期为中等长度，因此风险结局严重性综合评价为3级。除以上外，其余指标的风险结局严重性较低，均在3级以下。

表5-23 保健食品风险结局严重性分级

安全指标项目		致病性	潜伏期	风险结局严重性
污染物	铅（以Pb计）	▲▲▲▲	◆	3
	总砷（以As计）	▲▲▲▲	◆◆◆	4
	总汞（以Hg计）	▲▲▲▲	◆	3
	铬（以Cr计）	▲▲▲▲	◆	3
微生物	菌落总数	▲▲	◆◆◆	3
	霉菌和酵母	▲▲	◆◆◆	3
	大肠菌群	▲▲▲	◆◆◆	3
	嗜酸乳杆菌	▲▲▲	◆◆◆	3
	双歧杆菌	▲▲▲	◆◆◆	3
	植物乳杆菌	▲▲▲	◆◆◆	3
	金黄色葡萄球菌	▲▲▲	◆◆◆◆	4
食品添加剂	山梨酸及其钾盐（以山梨酸计）	▲	◆	1
	柠檬黄及其铝色淀	▲	◆	1
	维生素B_2	▲	◆	1
	脱氢乙酸及其钠盐（以脱氢乙酸计）	▲	◆	1
	胭脂红及其铝色淀	▲	◆	1
	卵磷脂	▲	◆	1
	维生素B_{12}	▲	◆	1
	甜蜜素（以环己基氨基磺酸计）	▲	◆	1
	苯甲酸及其钠盐（以苯甲酸计）	▲	◆	1
	亮蓝及其铝色淀	▲	◆	1
生物毒素	桔青霉素	▲▲▲▲	◆	3
农残	蒽醌	▲▲▲	◆◆◆	3
	滴滴涕	▲▲▲	◆◆◆	3

续表

安全指标项目		致病性	潜伏期	风险结局严重性
非法添加	西地那非	▲▲	◆◆	2
	格列本脲	▲▲	◆◆	2
	盐酸苯乙双胍	▲▲	◆◆	2
	酚酞	▲▲	◆◆	2
	二甲双胍	▲▲	◆◆	2
	吡格列酮	▲▲	◆◆	2
	西布曲明	▲▲	◆◆	2
	马来酸罗格列酮	▲▲	◆◆	2
	他达拉非	▲▲	◆◆	2
	格列吡嗪	▲▲	◆◆	2
	卡托普利	▲▲	◆◆	2
	褪黑素	▲▲	◆◆	2
	双氯芬酸钠	▲▲	◆◆	2
	吡罗昔康	▲▲	◆◆	2
	硝苯地平	▲▲	◆◆	2

（三）风险评估分级

从整体分析来看，保健食品风险等级中等，但不合格率较为突出。造成不合格风险的原因主要来自产品本身的污染，如微生物的污染，综合风险评价基本为 H 极（高危险度风险）。其中，由于金黄色葡萄球菌的致病性较高，风险结局严重性为水平 4 且风险发生可能性较大（为 c 级），因此其综合风险评价为 E 极（极严重风险）。由于保健食品通常是配方产品，往往使用的原辅料较为繁杂，而通常重金属污染可通过原辅料的使用带入终产品，含量累积，容易造成重金属污染超标。因此，保健食品中重金属综合风险评价基本为 H 极（高危险度风险）。其中，由于总砷发病较快，且风险发生可能性较大（为 b 级），因此其综合风险评价为 E 极（极严重风险）。除上述两类风险因素外，其他不合格的安全指标中，生物毒素（桔青霉素）、农残（蒽醌、滴滴涕）和非法添加（格列本脲）问题也较为突出，因此综合风险评价为 H。其余非法添加问题综合风险中度（M），而食品添加剂不合格指标一般风险较低（L），详见表5-24。

表 5-24 保健食品的食品安全风险评估分级

安全指标项目		风险发生可能性	风险结局严重性	综合评价
污染物	铅（以 Pb 计）	b	3	H
	总砷（以 As 计）	b	4	E
	总汞（以 Hg 计）	c	3	H
	铬（以 Cr 计）	c	3	H
微生物	菌落总数	b	3	H
	霉菌和酵母	b	3	H
	大肠菌群	b	3	H
	嗜酸乳杆菌	c	3	H
	双歧杆菌	c	3	H
	植物乳杆菌	c	3	H
	金黄色葡萄球菌	c	4	E
食品添加剂	山梨酸及其钾盐（以山梨酸计）	c	1	L
	柠檬黄及其铝色淀	c	1	L
	维生素 B_2	c	1	L
	脱氢乙酸及其钠盐（以脱氢乙酸计）	c	1	L
	胭脂红及其铝色淀	c	1	L
	卵磷脂	c	1	L
	维生素 B_{12}	c	1	L
	甜蜜素（以环己基氨基磺酸计）	c	1	L
	苯甲酸及其钠盐（以苯甲酸计）	c	1	L
	亮蓝及其铝色淀	c	1	L
生物毒素	桔青霉素	c	3	H
农药	蒽醌	c	3	H
	滴滴涕	c	3	H
非法添加	西地那非	c	2	M
	格列本脲	b	2	H

续表

安全指标项目		风险发生可能性	风险结局严重性	综合评价
非法添加	盐酸苯乙双胍	c	2	M
	酚酞	c	2	M
	二甲双胍	c	2	M
	吡格列酮	c	2	M
	西布曲明	c	2	M
	马来酸罗格列酮	c	2	M
	他达拉非	c	2	M
	格列吡嗪	c	2	M
	卡托普利	c	2	M
	褪黑素	c	2	M
	双氯芬酸钠	c	2	M
	吡罗昔康	c	2	M
	硝苯地平	c	2	M

（四）相关保障政策措施

保健食品安全一直是国家和社会关注的重点问题，保健食品安全关系到广大消费者的身心健康和生命安全，也关系到社会经济发展和平稳运行。保健食品安全风险控制是一个涉及多种因素的系统工程，保健食品安全风险法律控制机制的建立和完善也应该全面考量保健食品监管的各个方面。这是因为保健食品安全风险控制的任何环节都能直接对保健食品安全风险法律控制机制产生重大影响。虽然我国保健食品安全风险控制取得了一定的成效，但从目前来看，在保健食品安全风险控制中还存在诸多问题。具体来说，我国保健食品风险评估制度尚不完善；保健食品监管部门监管手段单一；保健食品内部举报人制度尚不完善；保健食品行业协会、社会公众以及企业在保健食品安全风险控制中的作用没有得到充分发挥。

需要注意的是，政府在保健食品安全风险法律控制中往往起主导作用，政府通过其行政权可以对保健食品进行全方位的监管。但是为了弥补政府监管的不足，并对政府监管起到辅助作用，还应该发挥行业协会、社会公众以及保健食品企业自身的监督优势。政府通过对保健食品的监管在保健食品安全风险法律控制中起主要作用。保健食品行业的垄断性质意味着社会公众无法通过自己的监督手段对其进行有效的监督。因此，社会公众将对保健食品行业的监管权通过契约的方式授权给了政府。政府在监管过程中，一方面要保证保健食品这个公共产品的安全性，另一方面要积极履行提供社会服务的职能，督促保健食品企业向社会公众公开相关信息。

第六章 大型活动中食源性疾病的食品安全风险评估分级研究

近年来，随着综合国力的逐步提升，我国主办、参与全国或国际范围内大型活动的数量和类别不断增多，级别也不断提高。[①] 由于大型活动餐饮服务供应人数众多、对象特殊、用餐集中，极易发生食品安全事件。如何科学地开展风险评估和针对性防控，受到大型活动承办方政府和食品安全保障部门的高度关注。根据调研，大型活动中食品安全风险主要来自供应食品的质量安全、加工过程的食源性疾病以及各环节的人为投毒三个方面。其中，加工过程的卫生污染引起的食源性疾病（食物中毒）是预防控制的重点。针对生产加工过程防控，目前我国规定了大部分食品类别的生产卫生规范标准，最新制定发布了《食品安全国家标准 餐饮服务通用卫生规范》（GB 31654-2021）。但该标准目前尚未正式实施，有待进一步评价及改进。

1984年世界卫生组织（World Health Organization，WHO）将“食源性疾病”（Foodborne diseases）一词作为正式的专业术语，代替历史上使用的“食物中毒”（Food poisoning）一词，并将食源性疾病定义为“通过摄食方式进入人体内的各种致病因子引起的通常具有感染或中毒性质的一类疾病”[②]。我国食品安全和疾病预防相关单位相继建立了“全国食物中毒事件情况的通报系统”“国家食源性疾病暴发监测网报告系统”和“突发公共卫生事件报告管理信息系统”，通过监测工作预防此类事件发生。[③④] 由于大型活动中食品安全事件发生较少且具有数据保密性，本研究将基于我国上述系统发布通报的历史数据统

① 李丽华、鲁晶晶：《重大活动食品安全风险防控理论与体系研究》，载《公安学研究》2021年第4卷第1期，第45~66、123~124页。

② 王萍、宋晓冰：《2006—2015年中国大陆地区食物中毒特征分析》，载《实用预防医学》2018年第25卷第3期，第257~260页。

③ 卫生部：《突发事件公共卫生风险评估管理办法》（卫办应急发［2012］11号），2012年。

④ 中国疾病预防控制中心：《突发事件公共卫生风险评估技术方案（试行）》，http：//www.chinacdc.cn/jkzt/tfggwssj/gl/201708/t20170810_149318.html。

计和经验总结，结合大型活动特点和风险评估理论，识别分析大型活动中食源性风险因子特征，研究构建大型活动中风险评估分级体系，为构建科学高效的食品安全风险防控提供指导。

一、研究材料与方法

（一）数据来源

本研究数据来自我国历年卫生行政部门通报的“全国食物中毒事件情况的通报系统”、国家食品安全风险评估中心“国家食源性疾病暴发监测网报告系统”和中国疾病控制信息系统“突发公共卫生事件报告管理信息系统”发布的信息数据，以及上述单位发表文献数据的汇总整理。

（二）风险因子

结合国家卫生健康委员会《关于印发食源性疾病监测报告工作规范（试行）的通知》[①]，将食源性疾病（食物中毒）风险因子按照微生物性（细菌、病毒、真菌毒素、寄生虫性）、化学性、有毒动植物和毒蘑菇等类别共分为3大类8小类34种，见表6-1。

表6-1　食源性疾病风险因子

大类	小类	发生的事件类型
微生物性	细菌	非伤寒沙门氏菌病、致泻性大肠埃希氏菌病、肉毒毒素中毒、葡萄球菌肠毒素中毒、副溶血性弧菌病、米酵菌酸中毒（椰毒假单胞菌）、蜡样芽孢杆菌病、弯曲菌病、单核细胞增生李斯特菌病、克罗诺杆菌病、志贺氏菌病、产气荚膜梭菌病、变形杆菌
	病毒	诺如病毒病
	真菌毒素	霉变甘蔗中毒、脱氧雪腐镰刀菌烯醇中毒
	寄生虫性	广州管圆线虫病、旋毛虫病、华支睾吸虫病（肝吸虫病）、并殖吸虫病（肺吸虫病）、绦虫病

① 国家卫生健康委员会：《关于印发食源性疾病监测报告工作规范（试行）的通知》（国卫食品发〔2019〕59号），http：//www. gov. cn/gongbao/content/2020/content_5480498. html。

续表

大类	小类	发生的事件类型
化学性	化学性	农药中毒、亚硝酸盐中毒、瘦肉精中毒、甲醇中毒、杀鼠剂中毒
有毒动植物和毒蘑菇	有毒动物	河豚毒素中毒、贝类毒素中毒、组胺中毒
	有毒植物	菜豆中毒、桐油中毒、发芽马铃薯中毒、乌头碱中毒
	毒蘑菇	毒蘑菇中毒

（三）评估方法

根据食源性疾病报告事件中各风险因子发生频次占比评价风险发生的可能性，评价标准见表6-2。根据平均每起事件中毒人数和致死率评价食品安全风险结局严重性①，评价标准见表6-3。参考澳新风险管理标准（AS/NZS 4360）之风险分析矩阵法对各风险因素开展风险评估和分级②，评价标准见表6-4。

表6-2　风险发生可能性评价标准

风险发生可能性	描述词	发生频次占比/%
a	几乎肯定发生	>20
b	很可能发生	10~20
c	可能发生	1~10
d	不太可能发生	0.1~1
e	几乎不可能发生	<0.1

① 庞星火、刘秀颖、高婷等：《2008年北京奥运会重大公共卫生事件风险评价方法的研究》，载《首都公共卫生》2009年第3卷第2期，第52~58、121页。

② Australia New Zealand Food Standard. Risk management: AS/NZS 4360: 1999. Australia New Zealand. 2013-09-15.

表 6-3 风险结局严重性评价标准

风险结局严重性	描述词	具体表现
水平 5	灾难性的	有致死病例
水平 4	较大的	100 人以上；除胃肠道症状外，还有其他器官症状，多数患者需住院治疗
水平 3	中等的	30 人以上 100 人以下；胃肠道症状为主，症状较轻，个别患者住院治疗
水平 2	较小的	30 人以下；胃肠道症状为主，症状较轻，患者无须住院治疗
水平 1	可忽略的	散发；身体轻微不适

表 6-4 风险评估和分级标准

可能性分类	风险水平				
	水平 1（可忽略的）	水平 2（较小的）	水平 3（中等的）	水平 4（较大的）	水平 5（灾难性的）
a（几乎确定）	H	H	E	E	E
b（很可能）	M	H	H	E	E
c（可能）	L	M	H	E	E
d（不太可能）	L	L	M	H	E
e（罕见）	L	L	M	H	H

注：风险评价水平：E——极严重度风险；H——高危险度风险；M——中等危险度风险；L——低危险度风险。

二、研究结果

（一）涉及食品类别分析

通过对公开发表的我国 2002—2016 年学校、宾馆和单位食堂的食源性疾病（食物中毒）事件数据[①②③]进行整合统计（见图 6-1），我国发生食物中毒事件涉及的食品类别包括蔬菜及其制品、肉及肉制品、水产及其制品、粮食及其制品、菌类及其制品、豆及豆制品、调味品、蛋及蛋制品、饮用水、乳及乳制品等 15 个大类。其中，蔬菜及其制品、肉及肉制品、水产及其制品、粮食及其制品、菌类及其制品为主要的高风险食品类别，合计占比高达 90%。蔬菜及其制品共计引起 736 起食物中毒事件（占比 29%），主要问题来源于农残超标、土壤水源环境以及人工操作不规范引起的微生物污染。[④] 肉及肉制品共计引起 666 起食物中毒事件（占比 26%），主要原因是致病菌污染，如储藏不当引起沙门氏菌、金黄色葡萄球菌、变形杆菌等致病微生物的繁殖污染[⑤]，其次是瘦肉精和亚硝酸盐污染。水产及其制品共计引起 434 起食物中毒事件（占比 17%），水产品带菌率随季节变化，夏秋季节普遍较高。即使冷藏条件下，水产品也容易被副溶血性弧菌污染。生食污染变质的水产及其制品增加了生物胺中毒风险。[⑥] 粮食及其制品共计引起 245 起食物中毒事件（占比 10%），我国饮食结构以粮食类为每餐主食，加热不充分易导致微生物污染。粮食生产和加工不当可引发真菌毒素、农药等中毒。菌类及其制品共计引起 200 起食物中毒事件（占比 8%），在某些有食用野生菌传统习惯的地区较为突出。由于缺乏相应的安全知识，误食毒蘑菇引发的中毒场所多为家庭。[⑦] 其余豆及豆制品、调味品、蛋及蛋制品、饮用水、乳及乳制品食物中毒事件占比在 1%~3%，同样需要引起重视。

---

① 潘娜、郭云昌、李薇薇等：《中国 2002—2016 年学校食物中毒暴发事件分析》，载《中国学校卫生》2017 年第 38 卷第 7 期，第 1023~1025、1029 页。

② 潘娜、李薇薇、耿雪峰等：《中国 2002—2016 年宾馆饭店食物中毒事件分析》，载《中国公共卫生》2019 年第 35 卷第 5 期，第 591~593 页。

③ 耿雪峰、李薇薇、张晶等：《2002—2016 年中国单位食堂食源性疾病暴发事件归因分析》，载《卫生研究》2019 年第 48 卷第 1 期，第 66~69 页。

④ SIVAPALASINGAM S，FRIEDMAN CR，COHEN L，TAUXE RV. Fresh produce：a growing cause of out breaksof foodborne illness in the United States，1973 through1997 [J]. J Food Prot，2004，67：2342-2353.

⑤ GLASS K，FEARNLEY E，HOCKING H，et al. Bayesian source attribution of salmonellosis in South Australia [J]. Risk Analysis：an Official Publication of the Society for Risk Analysis，2016，36（3）：561-570.

⑥ 袁玉荣、时晨、安秋慧等：《2014 年—2015 年秦皇岛市水产品监测结果分析》，载《中国卫生检验杂志》2016 年第 26 卷第 9 期，第 1313~1314、1318 页。

⑦ 罗海波、何来英、叶伟杰等：《2004—2013 年中国大陆食物中毒情况分析》，载《中国食品卫生杂志》2015 年第 27 卷第 1 期，第 45~49 页。

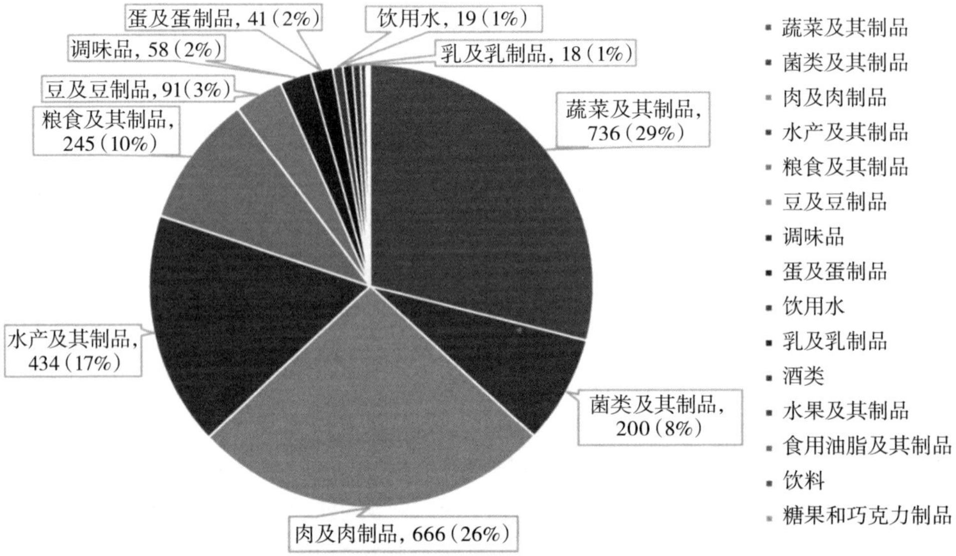

图 6-1　食物中毒事件涉及的食品类别（2002—2016 年）

（二）主要风险类型分析

对原卫生部和原国家卫生和计划生育委员会公开发布的 2008—2015 年全国食物中毒事件通报①数据进行统计（见图 6-2），发现食物中毒事件发生的主要风险类型按照大类分为微生物性、化学性、有毒动植物和食用菌以及其他因素。整体来看，食物中毒事件起数呈逐年下降趋势，由 2008 年的 431 起逐渐减少至 2015 年的 169 起。而食物中毒造成的死亡人数比较稳定，在 2008—2010 年间呈增长趋势，在 2010 年达到最高，之后每年呈下降趋势，年均死亡人数为 142 人。虽然事件发生的次数大幅度减少，但是因食物中毒致病甚至死亡的可能性仍然较高。

四种风险因子类型引发的中毒事件起数和死亡人数在每年的构成比较稳定，由微生物造成的食物中毒事件占全年发生起数的 1/3 甚至更多，共计发生 679 起，是引发食物中毒事件的主要因素。但其致死人数占全年总数的1/10，占致死总人数的 7.96%。虽然微生物引起的食物中毒事件较多，但主要引起腹泻、呕吐等症状，致死率一般较低。随着我国对于农药、鼠药的管控以及制

① 陈小敏、杨华、桂国弘等：《2008～2015 年全国食物中毒情况分析》，载《食品安全导刊》2017 年第 25 期，第 69～73 页。

假、售假的打击，化学性食物中毒事件和致死人数呈明显下降趋势。2012 年后每年发生的食物中毒事件起数降低至 20 起左右，占比约 15%。近年来，此类事件也得到有效的监管与控制。误食有毒动植物和毒蘑菇引起的事件次数仍维持在 60 余起，占比约 40%。但其致死人数居高不下，平均每年致死人数为 85 人，成为食物中毒事件中造成病患死亡的最主要风险因素（占比 53%）。

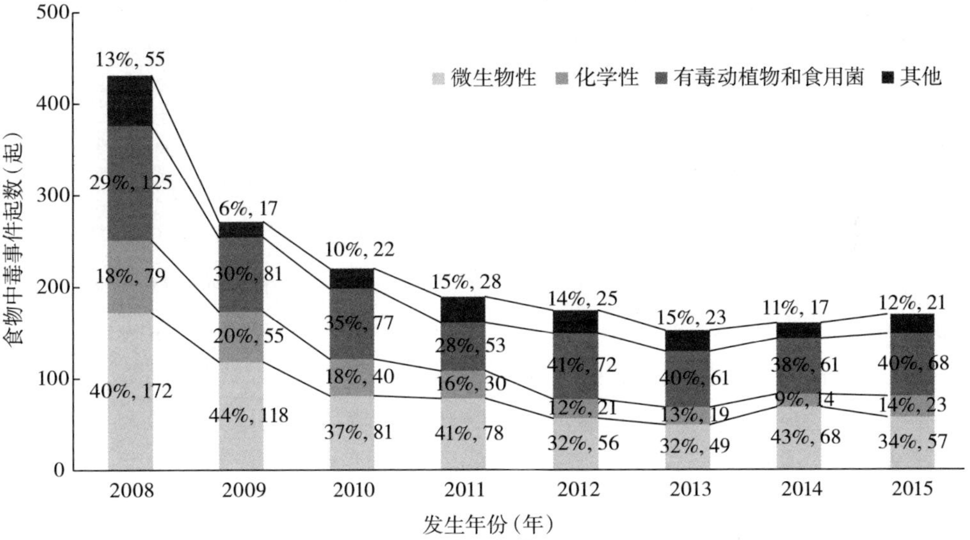

a 发生起数

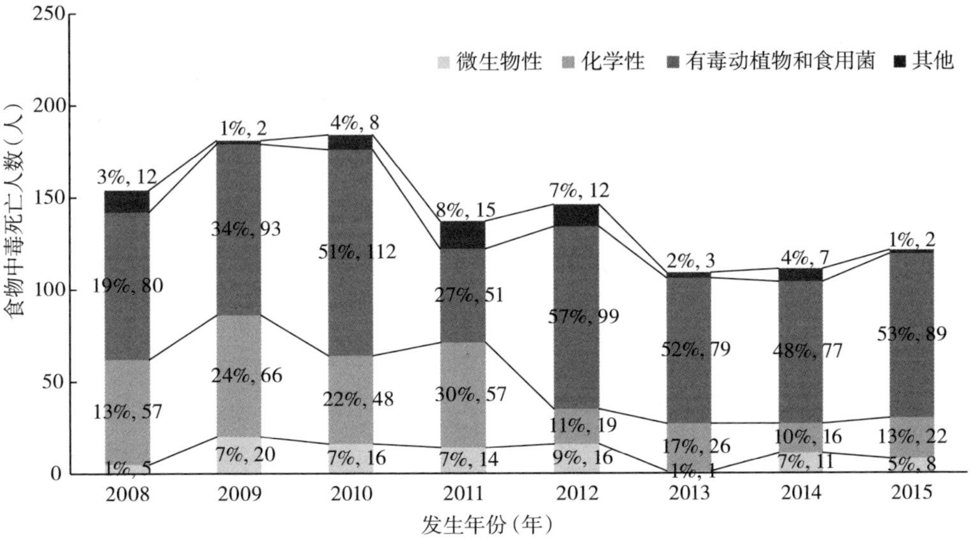

b致死人数

图 6-2　各类食物中毒事件发生起数、致死人数（2008—2015 年）

（三）风险因子特点分析

通过对公开报道的2002—2017年相关食源性疾病（食物中毒）事件数、致病人数和致死人数数据[①②③]进行整合统计，并进一步计算发生频次占比作为评价风险发生可能性的定量指标，计算平均致病人数和致死率作为评价风险发生严重性的指标（见表6-5）。汇总食源性疾病事件合计1219起，致病人数为48679人，致死人数383人，致死人数占致病总人数（致死率）的0.79%。在微生物性食物中毒事件中，致病因素主要为细菌，发生频次最高的因素为葡萄球菌肠毒素、蜡样芽孢杆菌、非伤寒沙门氏菌和副溶血性弧菌等。这4种致病因素合计引起的食物中毒事件数、致病人数分别占微生物性食物中毒总数的75.71%（480/634）和71.55%（22775/31832）。蜡样芽孢杆菌在我国主要污染米饭和米粉。米酵菌酸（椰毒假单胞菌产生的有毒代谢产物）导致的食物中毒事件发生频次较小，但致死率最高，达到47.52%（48/101），常见于发酵玉米制品。其次是肉毒毒素，其致死率为16.60%（42/253）。以上问题主要是生熟食品混放、砧板混用、厨具消毒不彻底和人员清洁不到位等多种因素引起的病原微生物交叉感染，从而使得食物中的微生物性食源性疾病发生率和患病率均较高。需要警惕由于米酵菌酸和肉毒毒素导致患病的情况，致病后很大程度上会造成病患死亡。

化学性中毒事件中的主要致病因素为亚硝酸盐，其引起食物中毒的事件数、致病人数分别占化学性食物中毒的46.72%（121/259）和43.12%（2169/5030）。日常生活中，亚硝酸盐常因被误作为食盐添加食用或腌制用而引起中毒[④]，较高的发生率与患病率也与此相关。甲醇导致的食物中毒事件发生频次较低，但在该类食物中毒中引发的致死率最高，为26.92%（7/26）。有毒动植物和毒蘑菇食物的主要致病因素为毒蘑菇和菜豆，这2种致病因素引起的食物中毒事件数和致病人数分别占该类食物中毒事件的78.22%（255/326）和80.34%（9494/

① 马智杰、王岗、李向云等：《中国2002—2015年学校食源性疾病暴发事件分析》，载《中国公共卫生》2016年第32卷第12期，第1700~1705页。

② 李佳雨、郭云昌、李薇薇等：《2002—2016年家庭内食源性疾病暴发事件分析》，载《现代预防医学》2018年第45卷第8期，第1499~1503、1519页。

③ 王霄晔、任婧寰、王哲等：《2017年全国食物中毒事件流行特征分析》，载《疾病监测》2018年第33卷第5期，第359~364页。

④ Food and Nutrition Service，USDA. School food safety program based on hazard analysis and critical control point principles. Final rule［J］. FedRegist，2009，74（239）：66213-66217.

11817）。需要注意的是，有毒动物中的河豚毒素、有毒植物中的乌头碱和毒蘑菇引起的致死率较高，分别为 12.50%（9/72）、18.18%（16/88）和 12.27%（146/1190）。目前，我国毒蘑菇种类高达 100 多种。毒蘑菇与可食用蘑菇的外观大致相似，采摘时难以辨别，容易混淆。①

表 6-5　食源性疾病事件的发生和结果统计（2002—2017 年）

大类	小类	发生的事件类型	事件数（起）	事件发生频次占比/%	致病人数（人）	平均每起致病人数（人）	致死人数（人）	致死率/%
微生物性	细菌	非伤寒沙门氏菌病	131	10.75	5067	39	2	0.04
		致泻性大肠埃希氏菌病	49	4.02	3759	77	0	0.00
		肉毒毒素中毒	33	2.71	253	8	42	16.60
		葡萄球菌肠毒素中毒	134	10.99	6312	47	2	0.03
		副溶血性弧菌病	83	6.81	3244	39	0	0.00
		米酵菌酸中毒（椰毒假单胞菌）	11	0.90	101	9	48	47.52
		蜡样芽孢杆菌病	132	10.83	8152	62	0	0.00
		弯曲菌病	0	0.0	/	/	/	/
		单核细胞增生李斯特菌病	0	0.0	/	/	/	/
		克罗诺杆菌病	0	0.0	/	/	/	/
		志贺氏菌病	18	1.48	2596	144	3	0.12
		产气荚膜梭菌病	0	0.0	/	/	/	/
		变形杆菌	32	2.63	1678	52	1	0.06
	病毒	诺如病毒病	11	0.90	670	61	0	0.00
	真菌毒素	霉变甘蔗中毒	0	0.0	/	/	/	/
		脱氧雪腐镰刀菌烯醇中毒	0	0.0	/	/	/	/
	寄生虫性	广州管圆线虫病	0	0.0	/	/	/	/
		旋毛虫病	0	0.0	/	/	/	/
		华支睾吸虫病（肝吸虫病）	0	0.0	/	/	/	/
		并殖吸虫病（肺吸虫病）	0	0.0	/	/	/	/
		绦虫病	0	0.0	/	/	/	/

① 王黎荔、林丹、高四海等：《一起误食毒蘑菇引起 6 人致死的食物中毒调查分析》，载《中国食品卫生杂志》2017 年第 29 卷第 4 期，第 505~507 页。

续表

大类	小类	发生的事件类型	事件数（起）	事件发生频次占比/%	致病人数（人）	平均每起致病人数（人）	致死人数（人）	致死率/%
化学性	化学性	农药中毒	58	4.76	1593	27	33	2.07
		亚硝酸盐中毒	121	9.93	2169	18	40	1.84
		瘦肉精中毒	35	2.87	353	10	0	0.00
		甲醇中毒	3	0.25	26	9	7	26.92
		杀鼠剂中毒	42	3.45	889	21	31	3.49
有毒动植物和毒蘑菇	有毒动物	河豚毒素中毒	10	0.82	72	7	9	12.50
		贝类毒素中毒	9	0.74	172	19	3	1.74
		组胺中毒	4	0.33	84	21	0	0.00
	有毒植物	菜豆中毒	116	9.52	8304	72	0	0.00
		桐油中毒	20	1.64	912	46	0	0.00
		发芽马铃薯中毒	14	1.15	995	71	0	0.00
		乌头碱中毒	14	1.15	88	6	16	18.18
	毒蘑菇	毒蘑菇中毒	139	11.40	1190	9	146	12.27
合计（或平均）			1219	100.0	48679	40	383	0.79

注：/为该项无相应数据。

（四）食品安全风险评估分级

按照表6-2风险发生可能性的评价标准，对2002—2017年我国食源性疾病（食物中毒）事件发生各风险因子的风险发生可能性进行评价，结果见表6-6。我国食源性疾病（食物中毒）事件经过预防可以得到有效控制，尚未达到a级水平的风险（几乎肯定发生，占比>20%）。发生可能性最高的风险因子可达到b级（很可能发生），由高到低分别为毒蘑菇（139起，占比11.4%）、葡萄球菌肠毒素（134起，占比10.99%）、蜡样芽孢杆菌（132起，占比10.83%）以及非伤寒沙门氏菌（131起，10.75%）。达到c级（可能发生）的风险因子由高到低分别为亚硝酸盐、菜豆、副溶血性弧菌、农药、致泻性大肠埃希氏菌、杀鼠剂、瘦肉精、肉毒毒素、变形杆菌、桐油、志贺氏菌、发芽马铃薯和乌头碱。达到d级（不太可能发生）的风险因子由大到小分别为米酵菌酸（椰毒假单胞菌）、诺如病毒、河豚毒素、贝类毒素、组胺和甲醇。除此之外，其余的风险因子包括弯曲菌、单核细胞增生李斯特菌、克罗诺杆菌、产气荚膜梭菌病、霉变甘蔗、脱氧雪腐镰刀菌烯醇、广州管圆线虫、旋毛虫、华支睾吸虫（肝吸虫）、并殖吸虫（肺吸虫）和绦虫均为几乎不可能发生（e 级，< 0.1%）。由表 6-2 及上述分析可知，2002—2017 年我国食源性疾病（食物中毒）大部分风险因子的发生可能性主要集中于 c、d、e 级，b 级较少，a 级几乎没有发生。虽然达到 b 级的只有 4 种风险因子，但由于发生可能性较高，在我国防控食源性疾病时应重点关注。我们也注意到 b 级的 4 种风险因子，除了毒蘑菇，其余均属于微生物类别的细菌性中毒事件。

按照表 6-3 风险结局严重性的评价标准，对 2002—2017 年我国食源性疾病（食物中毒）事件发生各风险因子的风险结局严重性进行评价。结合每起事件的平均致病人数和致死率来量化评价风险结局严重性，具体评价结果见表 6-6。2002—2017 年我国食源性疾病（食物中毒）事件发生的风险结局严重性整体水平较高，各风险因子均达到水平 3 及以上水平，还没有处于水平 2 及水平 1 的风险因子。其中，水平 5 的风险因子就有 12 种，占了 36%；水平 4 的风险因子有 13 种，占了 38%；水平 3 的风险因子有 9 种，占了 26%。微生物性、化学性、有毒动植物和毒蘑菇均存在灾难性（水平 5，有致死病例）的风险因子，包括肉毒毒素、米酵菌酸（椰毒假单胞菌）、志贺氏菌、霉变甘蔗、农药、亚硝酸盐、甲醇、杀鼠剂、河豚毒素、贝类毒素、乌头碱和毒蘑菇；水平 4 的风险因子包括非伤寒沙门氏菌、致泻性大肠埃希氏菌、葡萄球菌肠毒素、副溶血性弧菌、蜡样芽孢杆菌、弯曲菌、单核细胞增生李斯特菌、变形杆菌、诺如病毒、脱氧雪腐镰刀菌烯醇、菜豆、桐油和发芽马铃薯中毒；水平 3 的风险因子包括克罗诺杆菌、产气荚膜梭菌、广州管圆线虫、旋毛虫、华支睾吸虫（肝吸虫）、并殖吸虫（肺吸虫）、绦虫、瘦肉精和组胺。

对 34 种食源性疾病（食物中毒）风险因子的风险发生可能性和结局严重性，进一步参考表 6-3 风险结局严重性评价标准进行最终风险评估和分级，以此来预测大型活动中各危害因素的食品安全风险评估分级，具体结果见表 6-6。由表 6-6 可知，34 种风险因子的风险等级基本集中在 E、H、M 三级。处于 E、H、M 级的风险因子分别占 34 种风险因子的 56%、21%和 24%，综合评价风险级别较高，而目前还没有处于低危险度的风险因子（L 级）。微生物风险中，非伤寒沙门氏菌、致泻性大肠埃希氏菌、肉毒毒素、葡萄球菌肠毒素、副溶血性弧菌、米酵菌酸（椰毒假单胞菌）、蜡样芽孢杆菌、志贺氏菌和变形杆菌的风险极高，风险等级综合评价均属于最高级E级。由此可知，在微生物风险中，大部分细菌性事件风险极高多为E级，而病毒和真菌毒素的风险等级处于较高水平均为H级。寄生虫性风险因子为中等危险度风险处于M级。化学性风险中，除瘦肉精属于H级外，其他4种均属于E级，具有极高风险。有毒动植物和毒蘑菇风险中，除组胺属于M级、发芽马铃薯属于H级外，其他6种均属于E级具有极高风险。

表6-6　大型活动中各危害因素的食品安全风险评估及分级

大类	小类	发生的事件类型	风险发生可能性	风险结局严重性	综合评价
微生物性	细菌	非伤寒沙门氏菌病	b	水平4	E
		致泻性大肠埃希氏菌病	c	水平4	E
		肉毒毒素中毒	c	水平5	E
		葡萄球菌肠毒素中毒	b	水平4	E
		副溶血性弧菌病	c	水平4	E
		米酵菌酸中毒（椰毒假单胞菌）	d	水平5	E
		蜡样芽孢杆菌病	b	水平4	E
		弯曲菌病	e	水平4	H
		单核细胞增生李斯特菌病	e	水平4	H
		克罗诺杆菌病	e	水平3	M
		志贺氏菌病	c	水平5	E
		产气荚膜梭菌病	e	水平3	M
		变形杆菌	c	水平4	E
	病毒	诺如病毒病	d	水平4	H
	真菌毒素	霉变甘蔗中毒	e	水平5	H
		脱氧雪腐镰刀菌烯醇中毒	e	水平4	H
	寄生虫性	广州管圆线虫病	e	水平3	M
		旋毛虫病	e	水平3	M
		华支睾吸虫病（肝吸虫病）	e	水平3	M
		并殖吸虫病（肺吸虫病）	e	水平3	M
		绦虫病	e	水平3	M

续表

大类	小类	发生的事件类型	风险发生可能性	风险结局严重性	综合评价
化学性	化学性	农药中毒	c	水平 5	E
		亚硝酸盐中毒	c	水平 5	E
		瘦肉精中毒	c	水平 3	H
		甲醇中毒	d	水平 5	E
		杀鼠剂中毒	c	水平 5	E
有毒动植物和毒蘑菇	有毒动物	河豚毒素中毒	d	水平 5	E
		贝类毒素中毒	d	水平 5	E
		组胺中毒	d	水平 3	M
	有毒植物	菜豆中毒	c	水平 4	E
		桐油中毒	c	水平 4	E
		发芽马铃薯中毒	c	水平 4	H
		乌头碱中毒	c	水平 5	E
	毒蘑菇	毒蘑菇中毒	b	水平 5	E

（五）食源性疾病的防控

食源性疾病是全球最突出的公共卫生问题之一。目前，我国已经建立了相对完善的食源性疾病监测报告系统。该系统主要是由各级疾控机构按管理要求分别收集自己辖区内所发生的食源性疾病暴发事件信息，并将收集的数据信息统一上传。对食源性疾病资料的分析总结，能有效掌握引起食源性疾病暴发事件的风险因子、致病食物的类型以及危害发生环节及原因等关键信息。通过对这些信息的掌握和应用，可对食源性疾病暴发和食品安全隐患提早识别和预防，从而提高食源性疾病暴发和食品安全隐患的预警与防控能力。根据有关公开监测报告的食源性疾病暴发事件的风险因子、致病食物类型以及危害发生原因的分类进行汇总（见表 6-7）。

表 6-7　食源性疾病风险因子发生的主要食品类别和原因

大类		小类	蔬菜类	肉类	水产	粮食	菌类	其他	原料采购	存储变质	灭菌不够	交叉污染	人员带入
微生物性	细菌	非伤寒沙门氏菌病		√	√	√		蛋类		√	√	√	√
		致泻性大肠埃希氏菌病		√		√		饮用水					
		肉毒毒素中毒		√									
		葡萄球菌肠毒素中毒		√		√		乳制品					
		副溶血性弧菌病		√	√								
		米酵菌酸中毒（椰毒假单胞菌）				√							
		蜡样芽孢杆菌病		√		√							
		弯曲菌病		√									
		单核细胞增生李斯特菌病		√									
		克罗诺杆菌病						乳制品					
		志贺氏菌病	√	√		√							
		产气荚膜梭菌病		√									
		变形杆菌		√				豆类					
	病毒	诺如病毒病			√								
	真菌毒素	霉变甘蔗中毒	√							√			
		脱氧雪腐镰刀菌烯醇中毒				√							

续表

大类		小类	蔬菜类	肉类	水产	粮食	菌类	其他	原料采购	存储变质	灭菌不够	交叉污染	人员带入
微生物性	寄生虫性	广州管圆线虫病			√				√		√	√	
		旋毛虫病		√									
		华支睾吸虫病（肝吸虫病）			√								
		并殖吸虫病（肺吸虫病）		√	√								
		绦虫病		√									
化学性	化学性	农药中毒	√			√		水果	√	√			
		亚硝酸盐中毒	√	√				调味品					
		瘦肉精中毒		√									
		甲醇中毒						酒类					
		杀鼠剂中毒	√			√							
有毒动植物和毒蘑菇	有毒动物	河豚毒素中毒			√				√	√			
		贝类毒素中毒			√								
		组胺中毒			√								
	有毒植物	菜豆中毒	√					豆类	√				
		桐油中毒	√					油脂					
		发芽马铃薯中毒	√					马铃薯					
		乌头碱中毒	√										
	毒蘑菇	毒蘑菇中毒					√	食用菌	√				

在食源性疾病中，微生物性污染是引发食物中毒事件的主要因素，占发生起数的1/3甚至更多。微生物性污染的种类主要包括细菌、真菌、寄生虫和病毒。很多食品本身是没有毒素的，大部分是由于在生产、加工和存储过程中，因操作不当或加工过程不规范，加工储运时间过长等导致的微生物感染。尤其是夏季，由于温湿度升高，各种各样的微生物菌种将迅速生长繁殖，从而使微生物污染更为常见。针对微生物性污染应贯彻“预防为主”的防控方针。为了降低和避免微生物性危害，应做好微生物污染的防控工作。严格按要求存储原材料，加强生产加工过程监管，规范消毒灭菌操作和加工后产品的检测。在食品生产和加工过程中，特别要注意微生物性指标的检测与监控。通过测定微生物指标判断食品在原料采购、加工过程及存储、运输等环节被微生物污染的情况，能够为防控微生物性食物中毒提供科学依据。除此之外，还要做好工作人员的消毒工作，以及环境和机械设备的消毒等，尽可能避免微生物污染。针对大型活动中食品安全防控，还应有针对性地对重点食品从业人员开展食品安全规范化培训考核和健康体检。优化食物烹饪加工操作水平，减少人员带入及加工过程中的交叉污染，从而有效防控微生物性食物中毒的发生。

目前，我国化学性食物中毒事件主要包括农药中毒、亚硝酸盐中毒、瘦肉精中毒、甲醇中毒和杀鼠剂中毒等。由于食品产业链涉及从农业投入品、初级农产品、食品原辅料、加工和销售等多个环节，为有效监控食品各环节污染情况，应严格检测监控食品中化学性污染物指标，按标准限量对超标产品及时管控处理。此外，针对大型活动中化学性食物中毒的预防关键是控制好原材料采购。食品原材料应从正规途径采购符合食品质量安全要求的原材料，严格执行总仓入库食品检测把关，推进监管新技术装备如快速检测、溯源系统、实时监控系统，完善原材料存储的规范管理，严禁食品总仓存放有毒、有害物品及个人生活物品等。

针对由有毒动植物和毒蘑菇等单一原因误食引起的食物中毒，如河豚毒素、贝类毒素、菜豆、乌头碱和毒蘑菇等，为确保安全，建议尽量避免此类食物菜谱的编制，减少人员带入或误食的可能性。此外，食品中豆荚类引起的食物中毒事件数最多。扁豆、四季豆等豆荚类食品中含有皂素，烹饪（加热）不当食用后会使红细胞凝聚，引发食物中毒。因此，厨房加工部门应尽量减少烹制此类菜肴，或做到保证煮熟煮透。

（六）食源性疾病诊断

食源性疾病的潜伏期一般较短，短时间内出现诸多症状，如呕吐、腹泻等肠胃问题。少数情况下，还伴有发热、四肢无力等症状。由于导致食源性疾病的病因繁杂，致病种类多种多样，不同致病因子引起的食源性疾病的临床表现及诊断特点也各有不同，具体见表 6-8。

由于食源性疾病的特殊性，一般具有以下发生特点：（1）通过食物传播，如摄入卫生状况不佳的食物，食物中可能携带寄生虫、细菌等。（2）呈现暴发性，一起食源性疾病暴发少则几人，多则成百上千人。在发病形式上，微生物性食物中毒多为集体暴发，潜伏期较长（6~39 小时）；非微生物性食物中毒为散发或暴发，潜伏期较短（数分钟至数小时）。（3）呈现散发性，化学性食物中毒和某些有毒动植物食物中毒多以散发病例出现，各病例间在发病时间和地点上无明显联系，如毒蕈中毒、河豚毒素中毒、有机磷中毒等。（4）呈现地区性，某些食源性疾病常发生于某一地区或某一人群。例如，副溶血性弧菌食物中毒主要发生在沿海地区；霉变甘蔗中毒多发生在北方地区；绦虫病主要发生于有生食或半生食肉习俗的地区。（5）呈现季节性，某些疾病在一定季节内发病率升高。例如，细菌性食物中毒一年四季均可发生，但以夏秋季发病率最高；有毒蘑菇、鲜黄花菜中毒易发生在春夏生长季节，霉变甘蔗中毒主要发生在 2~5 月。

表 6-8　食源性疾病（食物中毒）的致病特点及诊断参考

大类	小类	发生的事件类型	潜伏期	临床特点	常见中毒食品	诊断参考
微生物性	细菌	非伤寒沙门氏菌病	6～72h（一般 12～36h）	恶心、呕吐、腹痛、腹泻，黄绿色水样便，便中有时带脓血和黏液，高热，大于 38℃，重者有寒战、惊厥、抽搐、昏迷	肉、禽、蛋、鱼、奶类及其制品等	食品、呕吐物或粪便中检出血清学分型相同的沙门菌
		致泻性大肠埃希氏菌病	6～72h	ETEC：水样腹泻、腹痛、恶心、低热；EIEC：发热、剧烈腹痛、水样腹泻，粪便中有少量黏液和血，与痢疾相似；EPEC：发热、呕吐、腹泻，粪便中有大量黏液但无血，有类似感冒症状；EHEC：潜伏期长，3～10d，突发性腹部痉挛，类似阑尾炎的疼痛，水样便继而转为血性腹泻，可引起多器官损害，病死率高；EAEC：成年人中度腹泻，病程 1～2d，婴幼儿为 2 周以上的持续性腹泻	熟肉制品、蛋及其制品、奶、奶酪、蔬菜、水果、饮料等	食品、呕吐物和粪便中检出血清学分型相同的致泻性大肠埃希菌
		肉毒毒素中毒	1～7h	头晕、无力、视物模糊、复视、眼睑下垂、咀嚼无力、张口或伸舌困难、头颈无力、垂头等。病死率较高	发酵豆、谷类制品（面酱、臭豆腐）、肉制品、低酸性罐头等	食品、血液、粪便中检出肉毒毒素，食品中检出肉毒梭菌
		葡萄球菌肠毒素中毒	一般 2～4h，不超过 6h	突然恶心、反复剧烈呕吐、上腹痉挛性疼痛、腹泻呈水样便，一般不发热，常因剧烈呕吐导致失水和休克。病程 1～3d	奶、蛋及其制品、糕点、熟肉等	食品中检出葡萄球菌肠毒素，食品、呕吐物和粪便中培养出金黄色葡萄球菌

续表

大类	小类	发生的事件类型	潜伏期	临床特点	常见中毒食品	诊断参考
微生物性	细菌	副溶血性弧菌病	8~12h	恶心、呕吐次数不多，腹痛，多在脐部，呈阵发性胀痛或绞痛，腹泻，无里急后重，水样或洗肉水样便，少数便中有黏液，可能发热，38℃~40℃，重者脱水、虚脱、血压下降。病程2~3d	海产品、卤菜、咸菜等	食品、容器、呕吐物或粪便中检出生物学特性或血清学分型一致的副溶血性弧菌
		米酵菌酸中毒（椰毒假单胞菌）	2~24h	上腹部不适，恶心、呕吐（呕吐物为胃内容物，重者呈咖啡色），轻微腹泻、头晕、全身无力等；重症者出现黄疸、肝大、皮下出血、呕血、血尿、少尿、意识不清、烦躁不安、惊厥、抽搐、休克，一般无发热。病死率极高，达40%~100%	玉米面制品、银耳、淀粉类制品等	食物检出椰毒假单孢菌酵米面亚种或其代谢毒物米酵菌酸
		蜡样芽孢杆菌病	8~16h	呕吐型：恶心、呕吐伴头晕、四肢无力等；腹泻型：腹痛和腹泻为主。病程8~36h	剩米饭、剩菜、凉拌菜、奶、肉、豆制品	食品检出蜡样芽孢杆菌，呕吐物和粪便检出相同型菌株
		弯曲菌病	8~24h	初期一般为胃肠炎症状，重者表现为败血症、脑膜炎等，有时引起心内膜炎。孕妇可发生流产或死胎	禽蛋类、奶、肉及其制品、水果、蔬菜等	食品和粪便检出弯曲菌
		单核细胞增生李斯特菌病	几天到数周	脑膜炎、头痛、眩晕、恶心、发热、颈项强直等脑膜刺激征、畏寒、发热、咽痛、肌痛、背痛、痉挛性腹痛和腹泻	软奶酪、未充分加热的鸡肉、未再次加热的热狗、鲜牛奶、巴氏消毒奶、冰激凌、生牛排、羊排、卷心菜色拉、芹菜、西红柿、法式馅饼、冻猪舌	根据病因、临床表现和实验室检查确诊，食品和粪便检出单增李斯特菌

续表

大类	小类	发生的事件类型	潜伏期	临床特点	常见中毒食品	诊断参考
微生物性	细菌	克罗诺杆菌病	几天或更长	脑膜炎、菌血症和坏死性小肠结肠炎	奶粉、肉类、水、蔬菜等	根据病因、临床表现和实验室检查确诊
		志贺氏菌病	10~24h	剧烈腹痛、呕吐和频繁腹泻、水样便混有血液或黏液，并有里急后重，寒战、高热，体温达40℃，重者会出现痉挛	含水量高的食品、熟食品，冷盘和凉拌菜等	食物、呕吐物分离出志贺氏菌，恢复初期血清凝集效价比初期明显升高
		产气荚膜梭菌病	8~24h	腹痛和腹泻	肉类、水产品、熟食、奶等	食品和粪便检出产气荚膜梭菌，粪便检出产气荚膜梭菌毒素
		变形杆菌	5~18h	上腹部刀绞样痛和急性腹泻为主，伴有恶心、呕吐、头痛、发热（38℃~39℃）。病程1~3d	动物性食品和豆制品、凉拌菜等	食品和粪便检出血清学分型相同的变形杆菌；病人急性期和恢复期（12~15d后）的血清凝集效价有4倍增高

续表

大类	小类	发生的事件类型	潜伏期	临床特点	常见中毒食品	诊断参考
微生物性	病毒	诺如病毒病	12~48h	以轻症为主，最常见症状是腹泻和呕吐，其次为恶心、腹痛、头痛、发热、畏寒和肌肉酸痛等，少数病例会发展成重症，甚至死亡	牡蛎等贝类海产品和生食的蔬果类	若符合以下卡普兰标准（Kaplan Criteria）的4项特征，可判定为疑似诺如病毒感染聚集性疫情或暴发：①一半以上患者出现呕吐症状；②平均潜伏期24~48h；③平均病程12~60h；④排除细菌、寄生虫及其他病原感染
	真菌毒素	霉变甘蔗中毒	10min~10h	初期呕吐、头晕、视力模糊，进而眼球向一侧凝视，阵发性抽搐，抽搐时四肢强直、屈曲、内旋、手呈鸡爪状，继而昏迷，甚至死亡。脑电图呈弥散性变化，CT可见双侧豆状核区密度减低。重症者多为儿童，重者1~3d内死亡，幸存者常留有终身残疾	甘蔗	进食霉变甘蔗史，吃剩甘蔗中分离出节菱孢和3－硝基丙酸毒素
		脱氧雪腐镰刀菌烯醇中毒	1h内	短时间一过性的恶心、呕吐、腹痛、腹泻、头晕、头痛、乏力，可有发热、黄疸、嗜睡。一般1d至1周恢复，黄曲霉毒素中毒的重症病人在2~3周内可出现腹水、下肢浮肿、肝脾肿大，甚至很快死亡	各类谷物（玉米、花生、大米、麦等）	食物中检出黄曲霉毒素和脱氧雪腐镰刀菌烯醇；血、尿中检出黄曲霉毒素 M_1

续表

大类	小类	发生的事件类型	潜伏期	临床特点	常见中毒食品	诊断参考
微生物性	寄生虫性	广州管圆线虫病	1~27d	剧烈头痛、颈项强直、躯体疼痛、低中度发热	生或半生的螺、生菜、生水	神经系统受损，从脑脊液中查出幼虫或发育期的成虫
		旋毛虫病	2~45d	病多急起。主要表现有发热、水肿、皮疹、肌痛等。发热多伴畏寒、以弛张热或不规则热为常见，多在38℃~40℃，持续2周，重者最长可达8周。	生肉	依进食未熟肉食的流行病学史及典型的临床表现：胃肠道症状，发热，眼睑水肿和肌肉疼痛
		华支睾吸虫病	长期	轻度感染时无明显临床症状，重度感染时急性期主要表现为过敏反应和消化道不适，包括发热、胃痛、腹胀、食欲不振、四肢无力、肝区痛、血液检查嗜酸性粒细胞明显增多等，但大部分患者急性期症状不是很明显	淡水鱼虾	消化不良、上腹隐痛、腹泻、精神不振、肝大
		并殖吸虫病	长期	低热、咳嗽、咳烂桃样痰和血痰、乏力、盗汗、食欲不振、腹痛、腹泻或荨麻疹	生的淡水蟹和蝲蛄、沼虾，或半熟的野生动物肉，或生溪水	早期有腹泻、腹痛，继而咳嗽、发热、咳铁锈色痰伴胸膜腔积液，或有游走性皮下结节或包块，均应考虑肺吸虫病。如有头痛、癫痫、瘫痪等，应考虑肺吸虫病脑型的可能

续表

大类	小类	发生的事件类型	潜伏期	临床特点	常见中毒食品	诊断参考
微生物性	寄生虫性	绦虫病	长期	腹胀不适，甚或恶心、呕吐。常在内裤、被褥或粪便中发现白色节片，或伴肛门瘙痒	生肉、青蛙	以粪检见有排出绦虫节片为主要依据。猪囊虫病可引起脑病、癫痫、眼病、皮下组织与肌肉疾病，活体组织检查可确诊
化学性	化学性	农药中毒	0.5~5h	头晕、头痛、恶心、呕吐和腹痛等，继而出现瞳孔缩小，大量出汗、流泪、情绪激动，烦躁不安。最后患者进入昏迷状态，全身抽搐，大小便失禁，呼吸极度困难、发绀。可因呼吸中枢衰竭，呼吸肌麻痹或循环衰竭而死亡	污染食品	食品中检出有机磷农药，血胆碱酯酶活力下降
		亚硝酸盐中毒	1~3h	口唇、指甲以及全身皮肤青紫，重者呼吸衰竭而死	腐烂、存放或腌制过久的蔬菜，腊肠、腊肉、火腿等	食品中检出亚硝酸盐大于20mg/kg
		瘦肉精中毒				
		甲醇中毒	8~36h	中毒早期呈酒醉状态，出现头晕、头痛、乏力、视力模糊和失眠。严重时谵妄、意识模糊、昏迷等，甚至死亡。双眼可有疼痛，复视，甚至失明。眼底检查视网膜充血、出血、视神经乳头苍白及视神经萎缩等。个别有肝、肾损害	假酒、自制酒	血液中甲醇、甲酸增高

续表

大类	小类	发生的事件类型	潜伏期	临床特点	常见中毒食品	诊断参考
化学性	化学性	杀鼠剂中毒	数分钟~1h	轻者仅感头晕、头痛、恶心、呕吐及肢体乏力；重者阵发性抽搐（惊厥），甚至昏迷，可因剧烈的强直性惊厥导致呼吸衰竭死亡，病死率极高	污染食品	食品、呕吐物、血液或尿液等样品中检出毒鼠强、氟乙酰胺或氟乙酸钠或砷化物
有毒动植物和毒蘑菇	有毒动物	河豚毒素中毒	10min~3h	唇、舌、面部或肢端感觉异常，有麻木或飘浮感，可抑制呼吸中枢，病死率极高	河豚	进食河豚史，食品中检出河豚毒素
		贝类毒素中毒	0. 5~4h	唇、舌、手指有麻木感，进而四肢末端和颈部麻痹，步态蹒跚，并伴有发音障碍、流涎、头痛、口渴、恶心、呕吐等，重者因呼吸肌麻痹而死亡。根据毒素不同，可有腹泻和呕吐型、记忆丧失和意识障碍型、肝损害型和日光性皮炎型	贝类	进食贝类史，剩余食品检出石房蛤毒素及其衍生物
		组胺中毒	0. 5~1h	类似过敏性症状，如脸红、头晕、心跳、呼吸急促、心慌、脉快、胸闷和血压下降等，部分病人眼结膜充血、瞳孔散大、视力模糊，口舌及四肢发麻、恶心、呕吐、腹痛、荨麻疹等	青皮红肉鱼类，如鲭鱼、鲐鱼、金枪鱼、黄鳝等	检测剩余食品中组胺含量高于100mg/100g
	有毒植物	菜豆中毒	0. 5~5h	上腹部不适，恶心、呕吐、腹痛，部分病人头痛、出汗、畏寒、四肢麻木、胃部烧灼感、腹泻。病程数小时~2d	菜豆（又叫扁豆、四季豆、芸豆、刀豆等）	进食菜豆史，排除蜡样芽孢杆菌引起的食物中毒
		桐油中毒	0. 5~4h	胸闷、头晕、恶心、呕吐、腹痛、腹泻。重者有肾脏损害，伴有出汗、血便、全身无力、呼吸困难、抽搐，可因呼吸肌麻痹死亡	桐油污染食品或误将桐油用作食用油	食品中检出桐油

续表

大类	小类	发生的事件类型	潜伏期	临床特点	常见中毒食品	诊断参考
有毒动植物和毒蘑菇	有毒植物	发芽马铃薯中毒	数十分钟至数小时	咽喉烧灼感，胃肠炎症状，有溶血性黄疸，重者有头晕、头痛、烦躁不安、瞳孔散大、视力模糊、多汗、抽搐等，可因心脏和呼吸麻痹而死亡	马铃薯（土豆）	进食史，剩余食品中检出龙葵素
		乌头碱中毒	10～60min	口舌及四肢麻木，全身紧束感，恶心、呕吐、流涎、腹痛、呼吸困难，心悸等	乌头	口舌及四肢麻木，全身紧束感，恶心、呕吐、流涎、腹痛，呼吸困难，心悸等
	毒蘑菇	毒蘑菇中毒	0.5～6h	胃肠炎型：恶心、剧烈呕吐、腹泻、阵发性腹痛、不发热； 神经精神型：幻觉、狂笑、手舞足蹈、共济失调，类似精神分裂症，也可有瞳孔散大、心跳加快、血压上升、颜面潮红等； 多脏器官损害型：含鹅膏肽类毒素的蘑菇先引起肠胃症状，后出现假愈期，症状消失，近似康复，72～96h后，患者重新出现腹痛、血样腹泻、肝功能异常、黄疸，肝肿大，凝血障碍致内出血，最后可因肝、肾、心、脑、肺等器官功能衰竭死亡，病死率极高； 溶血型：发病3～4d后出现溶血性黄疸、肝脾肿大、肝区疼痛、少数出现血红蛋白尿，病死率高	胃肠中毒型：红菇属、乳菇属、口蘑属、枝瑚菌属、牛肝菌属、粉褶菌属、蘑菇属等； 神经精神型：黄丝盖伞、裂丝盖伞、星孢丝盖伞、紫丝盖伞、茶褐丝盖伞、白霜杯伞、毒杯伞等； 多脏器损害型：含鹅膏毒肽、鬼笔毒肽、毒伞肽、丝膜菌毒素的蘑菇，如鹅膏属毒	食入野蘑菇史，无发热和里急后重

续表

大类	小类	发生的事件类型	潜伏期	临床特点	常见中毒食品	诊断参考
					鹅膏、百毒伞、鳞柄白毒伞、灰花纹鹅膏、致命鹅膏和黄盖鹅膏白色变种等，另外还有盔孢伞属和环柄菇属等毒蘑菇； 溶血型：鹿花菌	

三、讨论

本研究主要对历年来我国食源性疾病和食物中毒的通报情况及发表的相关文献数据进行统计分析，参考澳新风险管理标准（AS/NZS 4360）关于风险分级的标准，进一步评估大型活动中各危害因素的食品安全风险和等级。综合评估结果表明，34种风险因子的风险级别整体较高，风险等级基本集中在E、H、M三级，目前还没有处于低危险度（L级）的风险因子。由此可见，大型活动中举办方、监管部门和安全保障部门应提高警惕，加强此类食品安全风险预防和管控。对极高（E级）和较高（H级）风险的因素应纳入优先管理的重点，在后续的监督检测工作中，加强对与这些高风险因子有关的食品类别的抽检和管理。通过重点防控策略降低事件发生的可能性，以便更好地保障大型活动食品安全。同时，有针对性地制定食物中毒事件发生后的应急方案，有效控制风险严重性，降低该类事件造成的损失。

评估结果表明，预防控制细菌性食物中毒是大型活动中食品安全保障的重中之重。尤其要严格控制食物存储及加工过程中可能存在的或可能污染的非伤寒沙门氏菌、致泻性大肠埃希氏菌、肉毒毒素、葡萄球菌肠毒素、副溶血性弧菌、米酵菌酸（椰毒假单胞菌）、志贺氏菌、变形杆菌等这些风险极高的危害因子。按要求存储原材料，加强生产加工过程监管，规范消毒灭菌操作和加工后产品的检测。有针对性地对大型活动中重点食品从业人员开展食品安全规范化培训考核和健康体检，优化食物烹饪加工操作水平，减少人员带入及加工过程中的交叉污染，从而有效防控细菌性食物中毒。

针对化学性风险因素，上述风险评估结果表明，除瘦肉精属于H级外，农药、亚硝酸盐、甲醇和杀鼠剂均属于E级，因此风险极高。预防化学性食物中毒的关键是控制好原材料采购。大型活动中的食品原材料应从正规途径采购符合食品质量安全要求的原材料，严格执行总仓入库食品检测制度。推进监管新技术装备如快速检测、溯源系统、实时监控系统，完善原材料存储的规范管理，严禁食品总仓存放有毒、有害物品及个人生活物品等。有毒动植物和毒蘑菇事件具有致死率高等特点，如河豚毒素、贝类毒素、菜豆、乌头碱和毒蘑菇等。为确保安全，建议尽量避免此类食物菜谱的编制，减少人员带入或误食的可能性。

为了有效防控大型活动中此类事件的发生，建议相关部门结合风险食品和风险因子评估分级结果，除上文所述针对性地从食物的采购、加工、运输、储存、烹饪到最后的食用等各个环节加大监测和防控外，还应提高食品安全危害的识别能力和突发事件的处置能力。针对风险事件发生后的应急处置，完善事故发生后的应急方案。建立明确的应急处置工作网络，通过多种手段，加强突发事件应对处置能力建设，提升快速响应、处置突发事件的效能，从而保障大型活动食品安全。此外，建议国家相关部门研究并公布食品类别与各危害因素、风险因子以及相关联的风险等级分析结果，并根据风险等级分析结果立项制定食源性疾病风险分级及防控的相关标准，为监管或保障部门提供执行依据。

第七章 大型活动中食品安全风险因子检测方法评估研究

一、风险因子检测方法评估研究

根据食品和食用农产品的质量安全风险，以及食品加工环节易发食源性疾病（食物中毒）的风险评估和分级研究，梳理重点关注的食品安全风险因子（见表 7-1），对现有标准缺失情况、检测灵敏度、检测速率进行评估，提出需要开展的方法研究和标准制修订建议。

微生物类安全风险因子中，针对各类致病细菌及其毒素，目前已经建立了 GB 4789 系列的培养和 PCR 检测方法。例如，诺如病毒多次在我国引起急性胃肠炎暴发，水是其主要传播媒介，但现有的 GB 4789.42-2016 标准主要用于食品，尚无法对水中低浓度的诺如病毒进行检测。真菌毒素在产品和加工过程中均存在污染风险，现有的 HPLC-MS/MS 方法，前处理和检测步骤复杂，周期较长，需要建立快速精准的检测方法。

重金属检验方面，目前尚未有多元素分析的仪器快速检测方法和标准。单个元素分析前处理步骤复杂，需要强酸等污染性大的化学试剂消解，对人员存在风险且要求素质较高，整个检验周期较长。农兽药残留基于大型仪器的检测方法，设备庞大、操作复杂、检测速度较慢、成本较高，无法满足及时、快速、现场的食品安全检测需求。其中，硫酰氟是一种高效熏蒸剂，GB 2763-2019 虽规定了该物质的最大残留限量，但目前尚未有配套的检测方法标准。化学性中毒中杀鼠剂种类较多，中毒后为了对症治疗需要快速确定毒剂种类，应建立快速定性检测方法。

有毒动物中贝类毒素和河豚毒素是毒性较大的两类。海洋毒素一般的烹调加热不能使其破坏，目前尚无特效解毒剂，救治不及时可致人死亡。大型活动的举办需兼顾世界各国人士的饮食习惯，由海洋生物毒素产生的食品安全问题不容忽视。因此，对于海洋毒素的筛查和快速检测尤为重要，可为及时救助病人提供依据。河豚虽然在大型活动中被列入禁用原料，但存在误用带入风险。因此，对鱼类制品中河豚成分的筛查尤为重要，需要建立高通量、快速且操作简单的方法。

有毒蘑菇是目前最常见的中毒原因，目前我国仅针对剧毒鹅膏菌的一种（致命鹅膏）制定了基于形态分类学的国家标准。由于蘑菇毒素的商业化标准物质非常匮乏，导致检测的时效性和准确性较差。需要建立毒蘑菇种类鉴别和蘑菇毒素的快速检测筛查方法。毒蘑菇是我国食物中毒事件中导致死亡的最主要因素，对毒蘑菇的物种鉴别，是大型活动中保障食品安全的重要监测内容。

表 7-1　高风险因子及检验方法情况

分类	高风险因子示例	检验方法情况
致病菌	非伤寒沙门氏菌、致泻性大肠埃希氏菌、副溶血性弧菌、米酵菌酸（椰毒假单胞菌）、蜡样芽孢杆菌、志贺氏菌、肉毒毒素、葡萄球菌肠毒素等	有相关检测方法标准
病毒	诺如病毒	有食品中检验方法，无饮用水中检测方法
真菌毒素	脱氧雪腐镰刀菌烯醇、黄曲霉毒素、赭曲霉毒素 A、玉米赤霉烯酮、T-2 毒素、伏马毒素、霉变甘蔗（3-硝基丙酸）	有标准方法，前处理复杂，周期较长
污染物	镉、铅、总砷、苯并［a］芘、N-二甲基亚硝胺	有标准方法，前处理复杂，周期较长
兽药残留	莱克多巴胺、孔雀石绿、克伦特罗、五氯酚酸钠、磺胺类（总量）、氯霉素、恩诺沙星、呋喃唑酮代谢物、氧氟沙星、呋喃西林代谢物、地西泮、土霉素	有标准方法，前处理复杂，周期较长
农药残留	毒死蜱、腐霉利、克百威、氧乐果、氟虫腈、甲拌磷、4-氯苯氧乙酸钠、硫酰氟	有标准方法，前处理复杂，周期较长。缺少硫酰氟检验方法
化学中毒	杀鼠剂	种类较多，缺少精准快速检测方法

续表

分类	高风险因子示例	检验方法情况
有毒动物	河豚毒素	缺少河豚鱼肉的精准快速检测方法
	贝类毒素	缺少海洋毒素的精准快速检测方法
有毒植物	发芽马铃薯	有检验方法标准
	乌头碱	无检验方法标准
毒蘑菇	毒蘑菇	缺少蘑菇种类鉴别和蘑菇毒素检验方法

二、大型活动中食品分级检验指南

目前大型活动由于缺少风险评估数据，对进入总仓的食品实施每批1检的检测方式，极大增加了地方政府和检测机构的成本。本研究根据食品和食用农产品的质量安全风险，以及食品加工环节易发食源性疾病（食物中毒）的风险评估分级结果，提出制定《大型活动中食品分级检验指南（标准草案）》，并分别建立了两类食品安全风险检验要求规则。按照E级1批1检、H级2批1检、M级3批1检、L级4批1检，建立初期检验要求。如果检测出现超标情况，相应提升一个风险等级。

大型活动中食品分级检验指南（标准草案）

1　范围

本标准规定了大型活动中食品分级检验及判定规则，为大型活动中食品分级检验提供指南。

本标准适用于大型活动中食品、食用农产品及其加工过程中的食源性风险因子的检验。

2　术语和定义

下列术语和定义适用于本文件。

2.1　大型活动

由各级政府机构主办的具有一定社会影响力、需要公共卫生监督和警务保障的各项高规格的政治、经济、文化、体育等活动。

3 总体原则

3.1 供应大型活动餐饮服务的食品及其原料，应符合我国食品安全相关法律、法规、规章、强制性标准及其采用的具体标准的规定，同一项目指标不一致的，应执行较严的限量指标。

3.2 进口食品应符合我国法律、法规、标准、技术规范的强制性要求，符合我国与输出国家或地区签订的协议、协定规定的检验检疫要求。

3.3 产品检验方法优先按照国家标准、行业标准、地方标准检验。

4 分级检验规则

4.1 大型活动餐饮服务食品留样应当按品种分别存放于清洗消毒后的专用密闭容器内，在冷藏条件下存放48小时以上，每个品种留样量应满足检验需要，并做好记录。食品留样存放的冰箱应专用，并专人负责，上锁保管。

4.2 根据风险因子的风险等级高低进行分级检验，具体分级检验规则应符合表1的规定。各类食品及食用农产品的分级检验规则可参考附录A，食品加工过程中风险因子检验规则可参考附录B。

4.3 经检验判定为不合格的产品，应将风险等级提升一级后按照对应级别的检验规则进行检验。

表1 风险因子的风险分级及其对应的检验规则

风险等级	检验规则
E——极严重风险	1批1检
H——高危险度风险	2批1检
M——中等危险度风险	3批1检
L——低危险度风险	4批1检

5 判定规则

5.1 抽取样品经检验，所检项目全部合格，判该批产品为合格。

5.2 检验结果若有不大于2项指标不合格，应重新自同批产品中抽取两倍量样品进行复检，以复检结果为准。若仍有不合格项，判该批产品为不合格。

5.3 检验结果若有大于2项指标不合格，判该产品为不合格。

附录 A

大型活动中食品及食用农产品的分级检验规则

食品和食用农产品的批次抽样检验规则见表 A.1。

表 A.1　食品及食用农产品的分级检验规则

食品分类	指标分类	风险因子	风险等级	检验要求
粮食	污染物	镉（以 Cd 计）	M	3 批 1 检
		铅（以 Pb 计）	M	3 批 1 检
		苯并［a］芘	L	4 批 1 检
		总砷（以 As 计）	L	4 批 1 检
		总汞（以 Hg 计）	L	4 批 1 检
		铬（以 Cr 计）	L	4 批 1 检
	微生物	菌落总数	H	2 批 1 检
		大肠菌群	H	2 批 1 检
		霉菌	M	3 批 1 检
	食品添加剂	铝的残留量	M	3 批 1 检
		脱氢乙酸及其钠盐	L	4 批 1 检
		山梨酸及其钾盐	L	4 批 1 检
		甜蜜素	L	4 批 1 检
		二氧化硫残留量	L	4 批 1 检
		二氧化钛	L	4 批 1 检
		苯甲酸及其钠盐	L	4 批 1 检
		柠檬黄及其铝色淀	L	4 批 1 检
		糖精钠	L	4 批 1 检
		安赛蜜	L	4 批 1 检
		日落黄及其铝色淀	L	4 批 1 检
	生物毒素	脱氧雪腐镰刀菌烯醇	H	2 批 1 检
		黄曲霉毒素 B_1	H	2 批 1 检
		赭曲霉毒素 A	M	3 批 1 检
		玉米赤霉烯酮	M	3 批 1 检
	农药	马拉硫磷	M	3 批 1 检

续表

食品分类	指标分类	风险因子	风险等级	检验要求
粮食	非法添加	过氧化苯甲酰	L	4 批 1 检
		硼砂	L	4 批 1 检
		硼酸	L	4 批 1 检
食用油脂及其制品	真菌毒素指标	黄曲霉毒素	H	2 批 1 检
	微生物	霉菌	H	2 批 1 检
		大肠菌群	M	3 批 1 检
	污染物	苯并［a］芘	H	2 批 1 检
		邻苯二甲酸二丁酯（DBP）	M	3 批 1 检
		铅（以 Pb 计）	M	3 批 1 检
		总砷（以 As 计）	M	3 批 1 检
	食品添加剂	特丁基对苯二酚（TBHQ）	L	4 批 1 检
		二丁基羟基甲苯	L	4 批 1 检
		糖精钠	L	4 批 1 检
		苯甲酸及其钠盐	L	4 批 1 检
		山梨酸及其钾盐	L	4 批 1 检
调味品	污染物	铅（以 Pb 计）	H	2 批 1 检
		总砷（以 As 计）	M	3 批 1 检
		苯并［a］芘	L	4 批 1 检
		镉（以 Cd 计）	L	4 批 1 检
	微生物	菌落总数	H	2 批 1 检
		大肠菌群	H	2 批 1 检
		霉菌和酵母	H	2 批 1 检
	食品添加剂	苯甲酸及其钠盐	M	3 批 1 检
		甜蜜素	M	3 批 1 检
		防腐剂之和	M	3 批 1 检
		二氧化硫残留量	M	3 批 1 检
		糖精钠	L	4 批 1 检
		脱氢乙酸及其钠盐	L	4 批 1 检
		山梨酸及其钾盐	L	4 批 1 检

续表

食品分类	指标分类	风险因子	风险等级	检验要求
调味品	食品添加剂	安赛蜜	L	4 批 1 检
		胭脂红及其铝色淀	L	4 批 1 检
		日落黄及其铝色淀	L	4 批 1 检
		柠檬黄及其铝色淀	L	4 批 1 检
		特丁基对苯二酚（TBHQ）	L	4 批 1 检
		亚硫酸盐	L	4 批 1 检
		硫酸盐	L	4 批 1 检
		二丁基羟基甲苯	L	4 批 1 检
		氯化钾	L	4 批 1 检
		铝的残留量	L	4 批 1 检
	生物毒素	黄曲霉毒素 B_1	H	2 批 1 检
	非法添加	罗丹明 B	M	3 批 1 检
		罂粟碱	M	3 批 1 检
		蒂巴因	M	3 批 1 检
		苏丹红 Ⅰ-Ⅳ	M	3 批 1 检
		吗啡	M	3 批 1 检
		可待因	M	3 批 1 检
		那可丁	M	3 批 1 检
肉及肉制品	微生物	菌落总数	H	2 批 1 检
		大肠菌群	M	3 批 1 检
		商业无菌	M	3 批 1 检
		金黄色葡萄球菌	M	3 批 1 检
		李斯特菌	M	3 批 1 检
		沙门氏菌	M	3 批 1 检
		霉菌	M	3 批 1 检
	污染物	亚硝酸盐	M	3 批 1 检
		铅（以 Pb 计）	H	2 批 1 检
		镉（以 Cd 计）	H	2 批 1 检
		总砷（以 As 计）	H	2 批 1 检
		铬（以 Cr 计）	H	2 批 1 检

续表

食品分类	指标分类	风险因子	风险等级	检验要求
肉及肉制品	污染物	苯并［a］芘	H	2批1检
		总汞（以Hg计）	H	2批1检
		N-二甲基亚硝胺	M	3批1检
	兽残	克伦特罗	H	2批1检
		磺胺类（总量）	H	2批1检
		氯霉素	H	2批1检
		恩诺沙星	H	2批1检
		呋喃唑酮代谢物	M	3批1检
		氧氟沙星	M	3批1检
		五氯酚酸钠	M	3批1检
		莱克多巴胺	M	3批1检
		恩诺沙星	M	3批1检
		土霉素	M	3批1检
		强力霉素	M	3批1检
		沙丁胺醇	M	3批1检
		尼卡巴嗪	M	3批1检
		呋喃西林代谢物	M	3批1检
		地塞米松	M	3批1检
		金刚烷胺	M	3批1检
		氟苯尼考	M	3批1检
		氯丙嗪	M	3批1检
		呋喃它酮代谢物	M	3批1检
		替米考星	M	3批1检
		金霉素	M	3批1检
		培氟沙星	M	3批1检
		沙拉沙星	M	3批1检
		四环素类	M	3批1检
		甲硝唑	L	4批1检
		喹乙醇	L	4批1检
		林可霉素	L	4批1检

续表

食品分类	指标分类	风险因子	风险等级	检验要求
肉及肉制品	兽残	诺氟沙星	L	4 批 1 检
		呋喃妥因代谢物	L	4 批 1 检
		西马特罗	L	4 批 1 检
		特布他林	L	4 批 1 检
		磺胺喹沙啉（磺胺喹恶啉）	L	4 批 1 检
	农残	克百威	L	4 批 1 检
		水胺硫磷	L	4 批 1 检
		硼砂	L	4 批 1 检
		酸性橙Ⅱ	L	4 批 1 检
	食品添加剂	山梨酸及其钾盐	L	4 批 1 检
		防腐剂之和	L	4 批 1 检
		苯甲酸及其钠盐	L	4 批 1 检
		胭脂红及其铝色淀	L	4 批 1 检
		亚硝酸盐	L	4 批 1 检
		日落黄及其铝色淀	L	4 批 1 检
		脱氢乙酸及其钠盐	L	4 批 1 检
		柠檬黄及其铝色淀	L	4 批 1 检
		诱惑红及其铝色淀	L	4 批 1 检
		糖精钠	L	4 批 1 检
		苋菜红及其铝色淀	L	4 批 1 检
		甜蜜素	M	3 批 1 检
		安赛蜜	M	3 批 1 检
		双乙酸钠（二醋酸钠）	L	4 批 1 检
		铝的残留量	L	4 批 1 检
乳及乳制品	微生物	大肠菌群	H	2 批 1 检
		酵母菌	H	2 批 1 检
		菌落总数	H	2 批 1 检
		霉菌	H	2 批 1 检
		乳酸菌数	H	2 批 1 检
		金黄色葡萄球菌	H	2 批 1 检

续表

食品分类	指标分类	风险因子	风险等级	检验要求
乳及乳制品	微生物	商业无菌	M	3 批 1 检
	食品添加剂	苯甲酸及其钠盐	L	4 批 1 检
		纳他霉素	L	4 批 1 检
		山梨酸及其钾盐	L	4 批 1 检
		安赛蜜	L	4 批 1 检
		铝的残留量	L	4 批 1 检
		糖精钠	L	4 批 1 检
		甜蜜素	L	4 批 1 检
		脱氢乙酸及其钠盐	L	4 批 1 检
	生物毒素	黄曲霉毒素 M_1	L	4 批 1 检
饮料制品	污染物	亚硝酸盐	H	2 批 1 检
		总砷（以 As 计）	M	3 批 1 检
		硝酸盐	M	3 批 1 检
		铅（以 Pb 计）	M	3 批 1 检
	微生物	铜绿假单胞菌	E	1 批 1 检
		菌落总数	H	2 批 1 检
		大肠菌群	H	2 批 1 检
		酵母菌	H	2 批 1 检
		霉菌和酵母	H	2 批 1 检
		霉菌	H	2 批 1 检
		金黄色葡萄球菌	H	2 批 1 检
		商业无菌	H	2 批 1 检
	食品添加剂	糖精钠	M	3 批 1 检
		脱氢乙酸及其钠盐	L	4 批 1 检
		甜蜜素	L	4 批 1 检
		苯甲酸及其钠盐	L	4 批 1 检
		安赛蜜	L	4 批 1 检
		苋菜红及其铝色淀	L	4 批 1 检
		胭脂红及其铝色淀	L	4 批 1 检
		山梨酸及其钾盐	L	4 批 1 检

续表

食品分类	指标分类	风险因子	风险等级	检验要求
饮料制品	食品添加剂	防腐剂之和	L	4 批 1 检
		柠檬黄及其铝色淀	L	4 批 1 检
		日落黄及其铝色淀	L	4 批 1 检
		琥珀酸柠檬酸铁钠	L	4 批 1 检
		纳他霉素	L	4 批 1 检
		维生素 B_{12}	L	4 批 1 检
		肌醇	L	4 批 1 检
		纽甜	L	4 批 1 检
		二氧化硫残留量	L	4 批 1 检
方便食品	污染物	铅（以 Pb 计）	H	2 批 1 检
		亚硝酸盐	H	2 批 1 检
	微生物	菌落总数	E	1 批 1 检
		霉菌	E	1 批 1 检
		大肠菌群	H	2 批 1 检
		蜡样芽孢杆菌	H	2 批 1 检
		沙门氏菌	H	2 批 1 检
		酵母菌	H	2 批 1 检
		金黄色葡萄球菌	H	2 批 1 检
	食品添加剂	脱氢乙酸及其钠盐	M	3 批 1 检
		甜蜜素	M	3 批 1 检
		山梨酸及其钾盐	M	3 批 1 检
		安赛蜜	M	3 批 1 检
		糖精钠	M	3 批 1 检
		柠檬黄及其铝色淀	M	3 批 1 检
		日落黄及其铝色淀	L	4 批 1 检
		铝的残留量	L	4 批 1 检
		亮蓝及其铝色淀	L	4 批 1 检
		胭脂红及其铝色淀	L	4 批 1 检
		苯甲酸及其钠盐	L	4 批 1 检
		防腐剂之和	L	4 批 1 检

续表

食品分类	指标分类	风险因子	风险等级	检验要求
方便食品	食品添加剂	三氯蔗糖	L	4 批 1 检
		苋菜红及其铝色淀	L	4 批 1 检
		纳他霉素	L	4 批 1 检
	生物毒素	黄曲霉毒素 B_1	H	2 批 1 检
	非法添加	富马酸二甲酯	M	3 批 1 检
罐头	污染物	镉（以 Cd 计）	M	3 批 1 检
		铬（以 Cr 计）	M	3 批 1 检
		铅（以 Pb 计）	M	3 批 1 检
	微生物	商业无菌	H	2 批 1 检
		微生物	H	2 批 1 检
		菌落总数	H	2 批 1 检
	兽药	孔雀石绿	M	3 批 1 检
		莱克多巴胺	M	3 批 1 检
	食品添加剂	二氧化硫残留量	M	3 批 1 检
		甜蜜素	M	3 批 1 检
		山梨酸及其钾盐	M	3 批 1 检
		脱氢乙酸及其钠盐	M	3 批 1 检
		苯甲酸及其钠盐	M	3 批 1 检
		糖精钠	M	3 批 1 检
		乙二胺四乙酸二钠	M	3 批 1 检
		安赛蜜	M	3 批 1 检
		柠檬黄及其铝色淀	M	3 批 1 检
		日落黄及其铝色淀	M	3 批 1 检
		乙二胺四乙酸二钠钙（EDTA）	M	3 批 1 检
		苋菜红及其铝色淀	L	4 批 1 检
		三氯蔗糖	L	4 批 1 检
		胭脂红及其铝色淀	L	4 批 1 检
		阿斯巴甜	L	4 批 1 检
冷冻饮品	微生物	大肠菌群	E	1 批 1 检
		菌落总数	E	1 批 1 检

续表

食品分类	指标分类	风险因子	风险等级	检验要求
冷冻饮品	微生物	金黄色葡萄球菌	H	2批1检
		霉菌	H	2批1检
	食品添加剂	甜蜜素	M	3批1检
		安赛蜜	L	4批1检
		糖精钠	L	4批1检
		柠檬黄及其铝色淀	L	4批1检
		脱氢乙酸及其钠盐	L	4批1检
		山梨酸及其钾盐	L	4批1检
速冻食品	污染物	铅（以Pb计）	M	3批1检
		总砷（以As计）	M	3批1检
		镉（以Cd计）	L	4批1检
		铬（以Cr计）	L	4批1检
	微生物	菌落总数	H	2批1检
		大肠菌群	H	2批1检
		金黄色葡萄球菌	H	2批1检
		沙门氏菌	M	3批1检
	兽药	氯霉素	M	3批1检
		莱克多巴胺	L	4批1检
		克伦特罗	L	4批1检
	食品添加剂	甜蜜素	L	4批1检
		柠檬黄及其铝色淀	L	4批1检
		糖精钠	L	4批1检
		山梨酸及其钾盐	L	4批1检
		日落黄及其铝色淀	L	4批1检
		胭脂红及其铝色淀	L	4批1检
		亮蓝及其铝色淀	L	4批1检
		苋菜红及其铝色淀	L	4批1检
		安赛蜜	L	4批1检
		苯甲酸及其钠盐	L	4批1检
		二氧化硫残留量	L	4批1检
		诱惑红及其铝色淀	L	4批1检

续表

食品分类	指标分类	风险因子	风险等级	检验要求
薯类和膨化食品	污染物	铅（以 Pb 计）	M	3 批 1 检
	微生物	菌落总数	H	2 批 1 检
		大肠菌群	H	2 批 1 检
		霉菌	H	2 批 1 检
	食品添加剂	铝的残留量	M	3 批 1 检
		甜蜜素	M	3 批 1 检
		糖精钠	M	3 批 1 检
		脱氢乙酸及其钠盐	L	4 批 1 检
		安赛蜜	L	4 批 1 检
		山梨酸及其钾盐	L	4 批 1 检
		二氧化硫残留量	L	4 批 1 检
		苯甲酸及其钠盐	L	4 批 1 检
		特丁基对苯二酚（TBHQ）	L	4 批 1 检
		柠檬黄及其铝色淀	L	4 批 1 检
		日落黄及其铝色淀	L	4 批 1 检
		苋菜红及其铝色淀	L	4 批 1 检
		二丁基羟基甲苯	L	4 批 1 检
		二氧化钛	L	4 批 1 检
		着色剂之和	L	4 批 1 检
	生物毒素	黄曲霉毒素 B_1	H	2 批 1 检
糖果和巧克力制品	污染物	铅（以 Pb 计）	M	3 批 1 检
	微生物	大肠菌群	H	2 批 1 检
		菌落总数	H	2 批 1 检
		霉菌	H	2 批 1 检
		酵母菌	M	3 批 1 检
	食品添加剂	甜蜜素	L	4 批 1 检
		二氧化硫残留量	L	4 批 1 检
		苯甲酸及其钠盐	L	4 批 1 检
		胭脂红及其铝色淀	L	4 批 1 检
		糖精钠	L	4 批 1 检

续表

食品分类	指标分类	风险因子	风险等级	检验要求
糖果和巧克力制品	食品添加剂	安赛蜜	L	4 批 1 检
		着色剂之和	L	4 批 1 检
		日落黄及其铝色淀	L	4 批 1 检
		苋菜红及其铝色淀	L	4 批 1 检
		柠檬黄及其铝色淀	L	4 批 1 检
		山梨酸及其钾盐	L	4 批 1 检
		脱氢乙酸及其钠盐	L	4 批 1 检
茶叶及其相关制品	污染物	铅（以 Pb 计）	M	3 批 1 检
		镉（以 Cd 计）	L	4 批 1 检
	微生物	大肠菌群	H	2 批 1 检
		菌落总数	M	3 批 1 检
		霉菌	M	3 批 1 检
	食品添加剂	二氧化硫残留量	M	3 批 1 检
		日落黄及其铝色淀	L	4 批 1 检
		柠檬黄及其铝色淀	L	4 批 1 检
		胭脂红及其铝色淀	L	4 批 1 检
		亚硫酸盐	L	4 批 1 检
		甜蜜素	L	4 批 1 检
		安赛蜜	L	4 批 1 检
		苋菜红及其铝色淀	L	4 批 1 检
		亮蓝及其铝色淀	L	4 批 1 检
	农药	三氯杀螨醇	H	2 批 1 检
		草甘膦	H	2 批 1 检
		氰戊菊酯和 S-氰戊菊酯	H	2 批 1 检
		水胺硫磷	H	2 批 1 检
		联苯菊酯	M	3 批 1 检
		灭多威	M	3 批 1 检
		氧乐果	M	3 批 1 检
		克百威	M	3 批 1 检
		甲胺磷	M	3 批 1 检

续表

食品分类	指标分类	风险因子	风险等级	检验要求
茶叶及其相关制品	农药	吡虫啉	M	3 批 1 检
		乙酰甲胺磷	M	3 批 1 检
		甲拌磷	M	3 批 1 检
		滴滴涕	M	3 批 1 检
		氯氰菊酯和高效氯氰菊酯	M	3 批 1 检
		敌敌畏	M	3 批 1 检
酒类食品	污染物	邻苯二甲酸二丁酯（DBP）	M	3 批 1 检
		铅（以 Pb 计）	M	3 批 1 检
	微生物	金黄色葡萄球菌	H	2 批 1 检
		大肠菌群	H	2 批 1 检
		酵母菌	H	2 批 1 检
	食品添加剂	甜蜜素	H	2 批 1 检
		糖精钠	M	3 批 1 检
		安赛蜜	M	3 批 1 检
		纽甜	M	3 批 1 检
		山梨酸及其钾盐	M	3 批 1 检
		三氯蔗糖	L	4 批 1 检
		苯甲酸及其钠盐	L	4 批 1 检
		苋菜红及其铝色淀	L	4 批 1 检
		阿斯巴甜	L	4 批 1 检
		脱氢乙酸及其钠盐	L	4 批 1 检
		二氧化硫残留量	L	4 批 1 检
		胭脂红及其铝色淀	L	4 批 1 检
		亮蓝及其铝色淀	L	4 批 1 检
		纳他霉素	L	4 批 1 检
		柠檬黄及其铝色淀	L	4 批 1 检
		日落黄及其铝色淀	L	4 批 1 检
	非法添加	西地那非	M	3 批 1 检
		他达那非	M	3 批 1 检

续表

食品分类	指标分类	风险因子	风险等级	检验要求
蔬菜及其制品	微生物	大肠菌群	H	2批1检
		金黄色葡萄球菌	H	2批1检
		菌落总数	H	2批1检
		大肠杆菌	M	3批1检
		沙门氏菌	M	3批1检
		霉菌	M	3批1检
	污染物	镉（以Cd计）	H	2批1检
		铅（以Pb计）	M	3批1检
		总砷（以As计）	M	3批1检
		总汞（以Hg计）	M	3批1检
		亚硝酸盐	M	3批1检
		铬（以Cr计）	L	4批1检
	农残	毒死蜱	H	2批1检
		腐霉利	H	2批1检
		4-氯苯氧乙酸钠	H	2批1检
		克百威	H	2批1检
		氧乐果	H	2批1检
		氟虫腈	H	2批1检
		甲拌磷	H	2批1检
		灭蝇胺	H	2批1检
		啶虫脒	H	2批1检
		六六六	H	2批1检
		氯氟氰菊酯和高效氯氟氰菊酯	H	2批1检
		多菌灵	H	2批1检
		氯氰菊酯和高效氯氰菊酯	H	2批1检
		水胺硫磷	H	2批1检
		辛硫磷	H	2批1检
		硫丹	H	2批1检
		甲胺磷	H	2批1检
		阿维菌素	H	2批1检

续表

食品分类	指标分类	风险因子	风险等级	检验要求
蔬菜及其制品	农残	氯唑磷	H	2批1检
		6-苄基腺嘌呤	H	2批1检
		甲基异柳磷	H	2批1检
		乐果	H	2批1检
		氯丹	H	2批1检
		氯菊酯	H	2批1检
		灭线磷	M	3批1检
		百菌清	M	3批1检
		代森锰锌	M	3批1检
		倍硫磷	M	3批1检
		灭多威	M	3批1检
		久效磷	M	3批1检
		甲氰菊酯	M	3批1检
		滴滴涕	M	3批1检
		敌敌畏	M	3批1检
		甲氨基阿维菌素苯甲酸盐	M	3批1检
		对硫磷	M	3批1检
		二甲戊灵	M	3批1检
		敌百虫	M	3批1检
		苯醚甲环唑	M	3批1检
		乙酰甲胺磷	M	3批1检
		涕灭威	M	3批1检
		4-氯苯氧基乙酸	M	3批1检
		噁唑菌酮	M	3批1检
		三唑酮	M	3批1检
		唑虫酰胺	M	3批1检
		马拉硫磷	M	3批1检
		咪鲜胺	M	3批1检
		甲基对硫磷	M	3批1检
		杀扑磷	M	3批1检
		联苯肼酯	M	3批1检

续表

食品分类	指标分类	风险因子	风险等级	检验要求
蔬菜及其制品	食品添加剂	二氧化硫残留量	M	3批1检
		苯甲酸及其钠盐	M	3批1检
		防腐剂之和	M	3批1检
		甜蜜素	L	4批1检
		糖精钠	L	4批1检
		山梨酸及其钾盐	L	4批1检
		安赛蜜	L	4批1检
		脱氢乙酸及其钠盐	L	4批1检
		亚硫酸盐	L	4批1检
		乙二胺四乙酸二钠钙（EDTA）	L	4批1检
		日落黄及其铝色淀	L	4批1检
		乙二胺四乙酸二钠	L	4批1检
		柠檬黄及其铝色淀	L	4批1检
		阿斯巴甜	L	4批1检
		对羟基苯甲酸乙酯	L	4批1检
		三氯蔗糖	L	4批1检
		亮蓝及其铝色淀	L	4批1检
		纽甜	L	4批1检
		铝的残留量	L	4批1检
		甜味剂	L	4批1检
		胭脂红及其铝色淀	L	4批1检
		诱惑红及其铝色淀	L	4批1检
		β-胡萝卜素	L	4批1检
	非法添加	苏丹红Ⅰ-Ⅳ	L	4批1检
		罗丹明B	L	4批1检
水果及其制品	污染物	铅（以Pb计）	H	2批1检
		总砷（以As计）	M	3批1检
		镉（以Cd计）	L	4批1检
		亚硝酸盐	M	3批1检

续表

食品分类	指标分类	风险因子	风险等级	检验要求
水果及其制品	微生物	菌落总数	H	2 批 1 检
		霉菌	H	2 批 1 检
		大肠菌群	H	2 批 1 检
		霉菌和酵母	H	2 批 1 检
	食品添加剂	二氧化硫残留量	M	3 批 1 检
		苯甲酸及其钠盐	M	3 批 1 检
		甜蜜素	M	3 批 1 检
		防腐剂之和	M	3 批 1 检
		胭脂红及其铝色淀	L	4 批 1 检
		亮蓝及其铝色淀	L	4 批 1 检
		安赛蜜	L	4 批 1 检
		乙二胺四乙酸二钠钙（EDTA）	L	4 批 1 检
		苋菜红及其铝色淀	L	4 批 1 检
		山梨酸及其钾盐	L	4 批 1 检
		糖精钠	L	4 批 1 检
		脱氢乙酸及其钠盐	L	4 批 1 检
		乙二胺四乙酸二钠	L	4 批 1 检
		柠檬黄及其铝色淀	L	4 批 1 检
		日落黄及其铝色淀	L	4 批 1 检
		诱惑红及其铝色淀	L	4 批 1 检
		着色剂之和	L	4 批 1 检
		亚硫酸盐	L	4 批 1 检
		铝的残留量	L	4 批 1 检
		阿斯巴甜	L	4 批 1 检
		二氧化钛	L	4 批 1 检
	农药	丙溴磷	H	2 批 1 检
		吡唑醚菌酯	H	2 批 1 检
		克百威	H	2 批 1 检
		三唑磷	H	2 批 1 检
		氧乐果	H	2 批 1 检

续表

食品分类	指标分类	风险因子	风险等级	检验要求
水果及其制品	农药	敌敌畏	H	2 批 1 检
		苯醚甲环唑	H	2 批 1 检
		对硫磷	H	2 批 1 检
		氯唑磷	H	2 批 1 检
		氯氟氰菊酯和高效氯氟氰菊酯	H	2 批 1 检
		多菌灵	H	2 批 1 检
		甲胺磷	H	2 批 1 检
		水胺硫磷	M	3 批 1 检
		联苯菊酯	M	3 批 1 检
		毒死蜱	M	3 批 1 检
		灭线磷	M	3 批 1 检
		狄氏剂	M	3 批 1 检
		氰戊菊酯和 S-氰戊菊酯	M	3 批 1 检
		甲基硫环磷	M	3 批 1 检
		硫丹	M	3 批 1 检
		戊唑醇	M	3 批 1 检
		氯吡苯脲	M	3 批 1 检
		腈苯唑	M	3 批 1 检
		甲拌磷	M	3 批 1 检
		烯酰吗啉	M	3 批 1 检
		氯氰菊酯和高效氯氰菊酯	M	3 批 1 检
		久效磷	M	3 批 1 检
炒货及坚果制品	污染物	铅（以 Pb 计）	M	3 批 1 检
		镉（以 Cd 计）	E	1 批 1 检
		总砷（以 As 计）	H	2 批 1 检
	微生物	霉菌	H	2 批 1 检
		大肠菌群	H	2 批 1 检
		菌落总数	H	2 批 1 检
		霉菌和酵母	H	2 批 1 检

续表

食品分类	指标分类	风险因子	风险等级	检验要求
炒货及坚果制品	微生物	金黄色葡萄球菌	H	2 批 1 检
		致病菌	M	3 批 1 检
	食品添加剂	二氧化硫残留量	M	3 批 1 检
		糖精钠	M	3 批 1 检
		甜蜜素	M	3 批 1 检
		胭脂红及其铝色淀	M	3 批 1 检
		苯甲酸及其钠盐	M	3 批 1 检
		脱氢乙酸及其钠盐	M	3 批 1 检
		柠檬黄及其铝色淀	M	3 批 1 检
		乙二胺四乙酸二钠钙（EDTA）	L	4 批 1 检
		山梨酸及其钾盐	L	4 批 1 检
		没食子酸丙酯（PG）	L	4 批 1 检
		铝的残留量	L	4 批 1 检
		纽甜	L	4 批 1 检
	生物毒素	黄曲霉毒素 B_1	L	4 批 1 检
	非法添加	滑石粉	M	3 批 1 检
		罗丹明 B	M	3 批 1 检
蛋及蛋制品	农药	氟虫腈	H	2 批 1 检
	食品添加剂	山梨酸及其钾盐	L	4 批 1 检
		苯甲酸及其钠盐	L	4 批 1 检
	兽药	氟苯尼考	H	2 批 1 检
		恩诺沙星	H	2 批 1 检
		氧氟沙星	H	2 批 1 检
		环丙沙星（CIP）	H	2 批 1 检
		金刚烷胺	M	3 批 1 检
		甲砜霉素	M	3 批 1 检
		强力霉素	M	3 批 1 检
		氟喹诺酮类	M	3 批 1 检
		甲硝唑	M	3 批 1 检
		呋喃唑酮代谢物	M	3 批 1 检
		氯霉素	M	3 批 1 检
		土霉素	M	3 批 1 检

续表

食品分类	指标分类	风险因子	风险等级	检验要求
蛋及蛋制品	微生物	菌落总数	H	2批1检
		商业无菌	H	2批1检
		大肠菌群	H	2批1检
		沙门氏菌	H	2批1检
	污染物	铅（以Pb计）	H	2批1检
		总砷（以As计）	M	3批1检
食糖	污染物	螨	M	3批1检
	微生物	菌落总数	H	2批1检
		大肠菌群	H	2批1检
		霉菌	H	2批1检
	食品添加剂	二氧化硫残留量	M	3批1检
		日落黄及其铝色淀	L	4批1检
水产品	微生物	菌落总数	H	2批1检
		大肠菌群	H	2批1检
		金黄色葡萄球菌	H	2批1检
		霉菌	H	2批1检
		副溶血性弧菌	H	2批1检
		沙门氏菌	H	2批1检
	污染物	镉（以Cd计）	H	2批1检
		N-二甲基亚硝胺	H	2批1检
		铅（以Pb计）	H	2批1检
		无机砷	M	3批1检
		铬（以Cr计）	M	3批1检
		苯并［a］芘	M	3批1检
		亚硝酸盐	M	3批1检
		甲基汞	M	3批1检
	兽残	恩诺沙星	H	2批1检
		孔雀石绿	H	2批1检
		呋喃唑酮代谢物	H	2批1检
		氯霉素	H	2批1检

续表

食品分类	指标分类	风险因子	风险等级	检验要求
水产品	兽残	呋喃西林代谢物	H	2批1检
		氧氟沙星	H	2批1检
		地西泮	H	2批1检
		磺胺类（总量）	M	3批1检
		土霉素	M	3批1检
		甲硝唑	M	3批1检
		环丙沙星（CIP）	M	3批1检
		呋喃妥因代谢物	M	3批1检
		氟苯尼考	M	3批1检
		金霉素	M	3批1检
		五氯酚酸钠	M	3批1检
		呋喃它酮代谢物	M	3批1检
		硝基呋喃类	M	3批1检
		羟基甲硝唑	M	3批1检
		喹乙醇	M	3批1检
		达氟沙星	M	3批1检
		培氟沙星	M	3批1检
		诺氟沙星	M	3批1检
		洛美沙星	M	3批1检
		沙拉沙星	M	3批1检
		克伦特罗	M	3批1检
		四环素类	M	3批1检
		氨基脲	M	3批1检
	食品添加剂	亚硫酸盐	M	3批1检
		苯甲酸及其钠盐	M	3批1检
		二氧化硫残留量	M	3批1检
淀粉及淀粉制品	食品添加剂	铝的残留量	H	2批1检
		二氧化硫残留量	H	2批1检
		柠檬黄及其铝色淀	M	3批1检
		日落黄及其铝色淀	M	3批1检

续表

食品分类	指标分类	风险因子	风险等级	检验要求
淀粉及淀粉制品	食品添加剂	山梨酸及其钾盐	L	4批1检
		苯甲酸及其钠盐	L	4批1检
		苋菜红及其铝色淀	L	4批1检
		亮蓝及其铝色淀	L	4批1检
		亚硫酸盐	L	4批1检
		糖精钠	L	4批1检
	微生物	菌落总数	E	1批1检
		霉菌和酵母	H	2批1检
		大肠菌群	H	2批1检
		霉菌	H	2批1检
	污染物	铅（以Pb计）	H	2批1检
焙烤食品	其他类别	烷基（苯）磺酸钠	M	3批1检
	污染物	铅（以Pb计）	E	1批1检
	微生物	菌落总数	H	2批1检
		霉菌	H	2批1检
		大肠菌群	H	2批1检
		霉菌和酵母	H	2批1检
		金黄色葡萄球菌	H	2批1检
		商业无菌	H	2批1检
		沙门氏菌	H	2批1检
	非法添加	富马酸二甲酯	M	3批1检
		滑石粉	M	3批1检
	食品添加剂	防腐剂之和	M	3批1检
		脱氢乙酸及其钠盐	M	3批1检
		铝的残留量	M	3批1检
		山梨酸及其钾盐	M	3批1检
		糖精钠	M	3批1检
		柠檬黄及其铝色淀	M	3批1检
		苯甲酸及其钠盐	L	4批1检
		甜蜜素	L	4批1检

续表

食品分类	指标分类	风险因子	风险等级	检验要求
焙烤食品	食品添加剂	纳他霉素	L	4 批 1 检
		丙二醇	L	4 批 1 检
		胭脂红及其铝色淀	L	4 批 1 检
豆及豆制品	污染物	铅（以 Pb 计）	M	3 批 1 检
		铬（以 Cr 计）	M	3 批 1 检
		亚硝酸盐	H	2 批 1 检
	微生物	大肠菌群	H	2 批 1 检
		菌落总数	H	2 批 1 检
		沙门氏菌	M	3 批 1 检
	食品添加剂	脱氢乙酸及其钠盐	M	3 批 1 检
		山梨酸及其钾盐	M	3 批 1 检
		苯甲酸及其钠盐	M	3 批 1 检
		甜蜜素	M	3 批 1 检
		防腐剂之和	M	3 批 1 检
		铝的残留量	M	3 批 1 检
		二氧化硫残留量	M	3 批 1 检
		安赛蜜	L	4 批 1 检
		日落黄及其铝色淀	L	4 批 1 检
		糖精钠	L	4 批 1 检
		柠檬黄及其铝色淀	L	4 批 1 检
		丙酸	L	4 批 1 检
		三氯蔗糖	L	4 批 1 检
	生物毒素	黄曲霉毒素 B_1	H	2 批 1 检
		赭曲霉毒素 A	H	2 批 1 检
	农药	克百威	H	2 批 1 检
		氧乐果	H	2 批 1 检
蜂产品	污染物	铅（以 Pb 计）	H	2 批 1 检
	微生物	菌落总数	E	1 批 1 检
		嗜渗酵母菌	E	1 批 1 检
		霉菌	H	2 批 1 检
		大肠菌群	H	2 批 1 检

续表

食品分类	指标分类	风险因子	风险等级	检验要求
蜂产品	兽药	氯霉素	H	2 批 1 检
		诺氟沙星	H	2 批 1 检
		氟喹诺酮类	H	2 批 1 检
		硝基咪唑类	H	2 批 1 检
		甲硝唑	M	3 批 1 检
		氧氟沙星	M	3 批 1 检
		四环素类	M	3 批 1 检
		硝基呋喃类	M	3 批 1 检
		磺胺类（总量）	M	3 批 1 检
		培氟沙星	M	3 批 1 检
	食品添加剂	甜蜜素	M	3 批 1 检
		山梨酸及其钾盐	M	3 批 1 检
		苯甲酸及其钠盐	M	3 批 1 检
		糖精钠	M	3 批 1 检
		安赛蜜	L	4 批 1 检
	非法添加	甲硝唑	L	4 批 1 检

附录 B

大型活动中食品加工过程中的分级检验规则

食品加工过程中的样品批次抽样检验规则见表 B.1。

表 B.1　食品加工过程中的分级检验规则

风险大类	小类	风险因子	风险等级	检验要求
微生物性	细菌	非伤寒沙门氏菌病	E	1 批 1 检
		致泻性大肠埃希氏菌病	E	1 批 1 检
		肉毒毒素中毒	E	1 批 1 检
		葡萄球菌肠毒素中毒	E	1 批 1 检
		副溶血性弧菌病	E	1 批 1 检
		米酵菌酸中毒（椰毒假单胞菌）	E	1 批 1 检
		蜡样芽孢杆菌病	E	1 批 1 检
		弯曲菌病	H	2 批 1 检
		单核细胞增生李斯特菌病	H	2 批 1 检
		克罗诺杆菌病	M	3 批 1 检
		志贺氏菌病	E	1 批 1 检
		产气荚膜梭菌病	M	3 批 1 检
		变形杆菌	E	1 批 1 检
	病毒	诺如病毒病	H	2 批 1 检
	真菌毒素	霉变甘蔗中毒	H	2 批 1 检
		脱氧雪腐镰刀菌烯醇中毒	H	2 批 1 检
	寄生虫性	广州管圆线虫病	M	3 批 1 检
		旋毛虫病	M	3 批 1 检
		华支睾吸虫病（肝吸虫病）	M	3 批 1 检
		并殖吸虫病（肺吸虫病）	M	3 批 1 检
		绦虫病	M	3 批 1 检
化学性	化学性	农药中毒	E	1 批 1 检
		亚硝酸盐中毒	E	1 批 1 检
		瘦肉精中毒	H	2 批 1 检
		甲醇中毒	E	1 批 1 检
		杀鼠剂中毒	E	1 批 1 检

续表

风险大类	小类	风险因子	风险等级	检验要求
有毒动植物和毒蘑菇	有毒动物	河豚毒素中毒	E	1批1检
		贝类毒素中毒	E	1批1检
		组胺中毒	M	3批1检
	有毒植物	菜豆中毒	E	1批1检
		桐油中毒	E	1批1检
		发芽马铃薯中毒	H	2批1检
		乌头碱中毒	E	1批1检
	毒蘑菇	毒蘑菇中毒	E	1批1检

主要参考文献

［1］李丽华、鲁晶晶：《重大活动食品安全风险防控理论与体系研究》，载《公安学研究》2021 年第 4 卷第 1 期。

［2］庞星火、刘秀颖、高婷等：《2008 年北京奥运会重大公共卫生事件风险评价方法的研究》，载《首都公共卫生》2009 年第 3 卷第 2 期。

［3］赵宇翔、郑雷军、田明胜等：《2010 年上海世博会食品安全风险识别与评估》，载《上海食品药品监管情报研究》2011 年第 1 期。

［4］谈立峰、郝东平、孙樨陵等：《综合应用风险矩阵法与 Borda 序值法评价区域性重大活动公共卫生突发事件风险》，载《环境与职业医学》2012 年第 29 卷第 9 期。

［5］边红彪、王菁、杨洋：《食品安全监管源头控制的主要措施及操作规范可行性分析》，载《食品安全质量检测学报》2021 年第 12 卷第 5 期。

［6］Standards Australia Catalogue of Publication：Australia/New Zealand Standard，OB-007 Risk Management. AS/NZS 4360：2004.

［7］白莉、王晔茹、王彝白纳等：《我国食品微生物风险评估的进展和挑战》，载《中国食品卫生杂志》2020 年第 32 卷第 6 期。

［8］韩世鹤、高媛、刘斯琪等：《2019 年国家食品安全监督抽检不合格结果分析》，载《食品安全质量检测学报》2020 年第 11 卷第 14 期。

［9］陈晓燕、施家威、黎海涛等：《基于层次分析法的食品微生物安全风险评价体系研究》，载《食品安全质量检测学报》2021 年第 7 期。

［10］王萍、宋晓冰：《2006—2015 年中国大陆地区食物中毒特征分析》，载《实用预防医学》2018 年第 25 卷第 3 期。

［11］卫生部：《突发事件公共卫生风险评估管理办法》（卫办应急发［2012］11 号）。

［12］中国疾病预防控制中心：《突发事件公共卫生风险评估技术方案（试

行）》，http：//www.chinacdc.cn/jkzt/tfggwssj/gl/201708/t20170810_149318.html。

［13］国家卫生健康委员会：《关于印发食源性疾病监测报告工作规范（试行）的通知》（国卫食品发〔2019〕59号），http：//www.gov.cn/gongbao/content/2020/content_5480498.html。

2